職場賽局

踏入職場的第一天起，你就已經入了賽局

吳載昶
李高鵬 —— 編著

【人際賽局】

【派系賽局】

【薪水賽局】

【升遷賽局】

賽局是一種遊戲，更是一種生存的方法；每天走進職場，就是踏入一個又一個賽局中！

你⋯⋯準備好接招了嗎？

目錄

目錄

第五章　為什麼他晉升了，而我沒有

第六章　自己的薪水為什麼總是這麼低

目錄

目錄

前言

　　職場就是江湖，有江湖就有紛爭。有人的地方，就有政治、上司、下屬、同事；義、利、權、欲、升、降、愛、恨、情、仇、性格摩擦等等，都會演變成辦公室政治。辦公室糾紛真是風平浪靜的港灣下深埋的鯊魚利齒般的暗礁，隨時都會讓你在毫無準備的情況下觸礁。

　　職場是殘酷的，某些時候甚至是黑暗的，要想在其中生存發展，必須深刻的解讀它的遊戲規則，懂得如何面對賽局。

　　賽局是一種遊戲，更是一種生存的方法。它如今成為解決各種爭端的指南、處理複雜問題的竅門。了解和運用賽局的法則，會使得我們在生活工作中更加遊刃有餘，無往不利；活用賽局術，會使我們做事思路更加寬闊，失誤會更少，成功的機率更高。

　　在充滿競爭的職場中，在以成敗論英雄的工作中，誰能自始至終陪伴你、鼓勵你、幫助你呢？不是老闆，不是同事，也不是下屬，也不是朋友，他們都不可能做到這一點。你的上司可以助你一臂之力，成為你的「梯子」或者「助推器」，也同樣可以成為你最大的「攔路虎」或者「絆腳石」。你的同事今天可能是你的朋友，明天也許就會成為你的敵人。你的下屬天天巴結你、討好你，但是他的內心深處，卻在祈禱著你快快下臺。你的客戶與你打成一片，你敬我我敬你，但是這僅僅限於合作期間，但凡芝麻大的一點利益，就可能與你翻臉。你必須認知到這一點。

　　因此，要想在職場生存，做事的能力固然重要，但是同時還應該學會一點思索人的學問。這裡所說的思索人，不是亂猜，不是臆斷，也絕非背後算

計人，而是以良好的心態為基礎，以客觀的觀察為依據，以認真分析思考為前提，全面、客觀和準確的推測、預估、判斷人，以採取相應的對策。面對辦公室的複雜、人心的複雜多變，如果天真幼稚、茫然無知，或無的放矢、態度武斷，或不近情理、強加於人，必然會出現人際溝通的障礙，掌握了職場賽局的方法，可以知己知彼，百戰不殆，掌握全盤主動出擊。你能夠從別人的一舉手一投足之間讀懂老闆的心意，讀懂同事的心意，然後見機行事；從一個眼神、一句話能夠判斷出隱藏的殺機，從而跳出別人為你設下的圈套；從別人的一個小習慣、一個小細節就可以辨識其才幹和為人，從而為我所用……

職場看似風平浪靜，其實潛流暗湧，只要善於掌握自己身邊的人，如老闆、同事，才能夠順利抵達職場的彼岸，否則可能身敗職場還不知道怎麼回事呢！本書囊括了幾乎所有典型的職場事例，深入淺出，娓娓道來，不乏趣味性、幽默性，讓即將走入職場或者已經身處職場的讀者朋友能夠在歡笑中讀完本書，從中獲得職場賽局論的精髓，並且能夠好好的應用在自己的職場生活中，幫助自己解決職場的困境。如此，編著者的目的就達到了。

當然，由於資料收集有限，書中難免有不足之處，歡迎讀者朋友批評指正。

第一章　走進職場，走進賽局

敬業才能立大業

　　一個年紀很大的木匠就要退休了，他告訴他的老闆：他想要離開建築業，然後跟妻子及家人享受一下天倫之樂的生活。雖然他也會惦記在這裡還算不錯的薪水，不過他還是覺得需要退休了，生活上沒有這筆錢也是過得去的。老闆實在有點捨不得這樣好的木匠離去，所以希望他能在離開前，再蓋一棟具有他個人風格的房子。木匠雖然答應了，不過可以發現這一次他並沒有很用心的蓋房子。他草草的用了劣質的材料，就把這棟房子蓋好了。其實，用這種方式來結束他的職業生涯，實在有點不妥。房子落成時，老闆來了，順便也檢查了一下房子，然後把大門的鑰匙交給這個木匠說：「這就是你的房子了。這是我送給你的一個禮物！」木匠實在是太驚訝了，也覺得有點丟臉。因為如果他知道這棟房子是給他自己的，他一定會用最好的建材，用最精緻的技術來把它蓋好。然而，現在他卻因為自私，造成了一個無法彌補的遺憾。

　　工作是為老闆，更是為自己。敬業是立業的前提和基礎。敬業是公司的需求，同時也是對自己的厚愛。因為敬業才能立業。

　　相反，任何一名員工，如果缺乏敬業精神，那麼他丟掉工作也是遲早的事，而他也很難成就自己的事業。

　　小安是一個很有才華的年輕人，但他對待工作總是顯得漫不經心。他對工作的看法如同我們經常聽到的那樣：「我只不過是在為老闆工作，又不是我自己的公司。如果我有了自己的公司，我一定能夜以繼日的努力工作，甚至比他做得更好。」

　　半年後，小安離開了原來的公司，自己獨立創辦了一家公司。「我會很用心的努力工作，因為它是我自己的。」小安創業之初對朋友們說這番話的時候神情非常激昂。然而，僅過了半年，小安的公司便倒閉了，他又重新去為別人工作了，因為他認為自己開公司太麻煩、太複雜，根本不適合他的個性。這種結果根本就在大家的意料之中。一個人在做員工時缺乏忠誠和敬業態度，這種習氣必將影響到他的今後，無論他從事何種行業，即使是自己做老闆，這種態度也絕不會輕易的改變。

　　在競爭越演越烈的現代職場，敬業更是成就大事不可或缺的重要條件。它是強者之所以成為強者的一個重要原因，也是一個弱者變為一個強者應該具備的職業品行。

　　有一個集團公司的行政總監，在他成為行政總監之前，不過是公司行政部的一名普通職員。從他進入公司那一天起，他就非常努力、敬業、主動承擔責任。很多工作雖然不是他分內的事，但他還是主動做得盡善盡美。他每天第一個到辦公室，最後一個離開。雖然沒有人承諾給他加班費，他還是經常加班，為的是不讓工作拖到第二天。他總能提前完成主管交辦的工作，並

且做得很好。他這樣做的時候，自然也有同事嘲諷他。但他沒有在乎這些人的嘲諷，依然堅持自己的工作態度和做事原則。因為他做得越多，對公司了解的層面也越多，掌握的技能也越多，公司也就越需要他。

他的表現，部門經理看在眼裡，總經理也看在眼裡。總經理在交了一兩件事給他辦之後對他產生了信任，之後便交給他更多的任務讓他去完成，並有意的讓他參與公司的一些重要會議。有同事對他說：「總經理增加你的工作，你應該要求加薪。」但他沒有要求加薪。他知道自己已經得到很多 —— 他在很多方面其實已經超過同部門的老員工，這種收穫絕對不是薪水所能換來的。

總經理對他增加任務，實際上是在考察和培養他。總經理早對原來的行政經理不滿，那個行政經理年齡雖不大卻一副老氣橫秋的樣子，自負傲慢又不肯承擔責任，出了問題總為自己找一大堆藉口。在經過一段時間的考察和培養後，總經理做出決定 —— 解聘原來的行政經理，讓這個普通的職員取而代之。人事任命一公布，整個集團為之譁然。人們開始議論紛紛，這時總經理說出自己的看法：「這個年輕人身上有一種最寶貴的東西，這也是我們公司所需要的，而且是很多員工所缺少的，那就是勤奮、敬業和忠誠。我承認他的管理能力和經驗都還欠缺，文憑也不高，但只要有勤奮、敬業和忠誠就什麼都學得到，我相信他一定能夠勝任行政經理的工作。」

敬業對老闆有好處，但僅僅對老闆有好處嗎？你敬業，老闆看重你，必然把更多的發展機會交給你，你不是也得到好處了嗎？把工作視為等價交換，拿一分錢做一分錢的事，甚至還想方設法偷懶，固然可以對老闆造成損失，固然可以讓你自己撈點便宜，但是，老闆所損失的，僅僅是某個員工的薪資而已，你損失的呢？卻是你自己的前途，你可能永遠也得不到老闆的重

用和賞識了。所以說，從表面上看，一個人的工作，是有益於公司、有益於老闆的，但其實最大的受益者還是自己。

　　一個人要想在職場上獲得成功，就必須改變自己對工作的態度，無論做什麼事情，都務必竭盡全力。因為一件事情的意義絕不只是事情本身，它往往能決定你日後更大事業的成敗。一個人一旦領悟了全力以赴的工作能消除工作辛勞這一祕訣，他就掌握了打開成功之門的鑰匙了。

接受不公平的現實

　　等你慢慢熟悉上司的行事風格後，對一些不公平現象，也就能見怪不怪了。

　　在職場中，是否有完全的公平呢？不可能！因為公平總是相對的。而且公平的標準是掌握在上司手裡的。素養高的上司會嚴格要求自己，盡量做到對下屬公平公正，可是真正要做到百分之百公平，不是那麼容易的。有些素養低的上司，在處理事情時，往往感情用事，更不能公正的對待下屬。

　　陳小姐剛被提拔為公司宣傳部主管的時候，除增加了薪資，就沒享受過其他待遇。一個偶然的機會，她得知財務部主管吳小姐的手機費竟實報實銷。這讓她很不服氣！吳小姐天天坐在公司裡，從沒聽她用手機聯絡過工作，憑什麼就能報通訊費？她認為，該爭取的就得爭取。一次，她藉匯報工作之機向老闆提出申請，老闆聽了很驚訝，說：「除了銷售部人員不是通訊費都不能報銷嗎？」

　　「可是小吳就有呀！她的費用實報實銷，據說還不低呢。」

　　老闆聽了沉吟道：「是嗎？我了解一下。」

　　這一了解就是兩個月，按說老闆不回覆也就算了，而且陳小姐每月才500多塊錢的話費，爭來爭去也沒啥意思。可是她偏偏就和李小姐較上勁了，見老闆沒動靜，又氣又惱，終於忍不住向同事抱怨，卻被人家一語道破天機：「妳是真不知道還是假不知道啊，小吳報銷的手機費是老闆情人的，只不過借了一下小吳的名字，免得老闆娘查問。妳怎麼那麼傻呀，竟然想用這事和老闆論高低，不是找死嗎？」

　　陳小姐這才如夢初醒，暗暗責怪自己不懂高低深淺！怪不得老闆見了自己總皺眉頭！從此，她再也不敢提手機費的事，也不對小吳眼紅了。

　　其實，就算報銷的手機費是小吳的，陳小姐也沒必要去爭，老闆自有老闆的打算。你不能指望老闆對每一個員工都一樣對待，就算是在各部門主管之間，也不可能絕對公平。對此你不必憤憤不平，等你深入了解公司的運作文化，慢慢熟悉上司的行事風格後，也就能夠見怪不怪了。

　　對於職場上的種種不公平現象，不管你喜不喜歡，都必須接受現實，而且最好是主動去適應這種現實。追求公平是人類的一種理想，但正因為它是一種理想而不是現實，所以除了適應，你別無選擇。

留一隻眼睛給自己

　　「這工作沒辦法做了！」一進辦公室，老劉就嚷了起來，搞得小王一頭霧水。

　　「到底怎麼啦？」

　　「你們不知道？公司要減薪30％。」老劉把手中的公事包重重的砸在桌子上，氣沖沖的說，「老子不做了！」

看他那樣子，不像是在開玩笑。小王馬上丟下手頭的工作：「要真減薪，還真沒幹勁。」

「我們應該聯合起來集體辭職，以示抗議。」老劉憤憤不平，「本來薪水就不高，這樣一來如何養家糊口。特別是你們年輕人，要買房、娶妻、生子，這是不拿你們當人才對待！」

這番話還真把小王的火給點著了，便跟著表態：「我也不做了！」

老劉見狀，說：「就這麼定了，只要大家心齊，不怕他減，傻瓜才願意替他賣命呢！」

沒幾天，公司關於減薪的公告真的下來了。公司一再表示，目前效益不景氣，減薪只是暫時的，見眾人還有些猶豫，老劉慫恿說：「留戀不走不顯得自己犯賤嗎？下次公司還會變本加厲，人善被犬欺。再說男子漢大丈夫，何處不養人？反正我是要走的。」

如果你是其中的一位員工，你會怎麼做？

1. 了解一下當前的就業環境。尋找一份新工作是不是像從前一樣容易，還是至少要經過一年的時間才能找到新工作。

2. 一邊在公司繼續工作，一邊找工作。如果新的機會出現了，那再走人也不遲。

3. 響應老劉的號召，不能受公司這份氣。

4. 靜觀其變，看看其他人是怎麼做的。

5. 那麼，這樣選擇的結果呢？

　老劉的話再次堅定了眾人辭職的決心，一氣之下謝絕了公司的盛情挽留，小王自然也不例外。

丟掉飯碗後，小王才知道事情沒有想像中的那麼順利。

費盡周折，小王勉強在一家私人企業謀了個行政人員職位，企業規模小，效益更不用說，只能先將就著做。

「不知老劉的境況如何。」小王有時候心裡默默的想，「說實話，如果繼續留在原公司，即使減薪也比現在強；冷靜想想，當初辭職的決定很不理智，真有點為自己意氣用事感到懊悔。」

這天一大早，小王在菜市場正好碰上老劉，寒暄幾句後，小王關心他在何處高就，老劉支吾著說：「能去哪裡，原公司囉。」

小王大吃一驚：「你不是說要辭職嗎？」

他輕輕一笑：「說歸說，你們年輕沒有負擔，我辭掉了再找工作可困難著呢。不能和你們比啊，年輕人。」

「可當初聽說減薪，你嚷得比我們還凶啊？」小王滿是抱怨的語氣。

老劉倒是一臉無辜：「當初我叫得凶，還不是因為我上有老下有小，薪水調降後生活比你們更困難嘛！」

「老劉太陰險了！」看完這個故事，你可能會忍不住心中的不滿。

的確如此，然而，像老劉這樣陰險的人並不在少數。

大多數人錯失晉升、加薪的機會甚至整個工作，並不是因為他們無法勝任，而是因為辦公室政治。你是否曾經因老闆嫉妒你的高學歷而被抹黑了一把，或者在拒絕了某個同事的請求後慘遭報復？

這就是辦公室政治 —— 如同流行疾病一樣，每個人都希望敬而遠之；但是，每個人都不得不鄭重面對。

那麼，你如何才能從暗箭叢生的辦公室叢林中尋覓一條生路呢？遵循以

下法則，你將會披上百毒不侵的盔甲：

1. 打開你的耳朵留住公司的好消息，讓壞消息從左耳進來右耳出去。流言
   是真正的職業生涯殺手，任何一個喜歡編織流言的人都註定不會沿著管
   理階梯上升。記住，上天賜予我們一個舌頭、兩隻耳朵，目的是讓我們
   多聽少說。

2. 聽其言，觀其行。在工作場合，任何一個看似輕描淡寫的話題都有可能
   隱藏著令人無法捉摸的陰謀。一定要約束自己的舌頭，不要透露太多的
   資訊給他人，因為一些心懷叵測的人很可能會將這些資訊作為攻擊你的
   武器。這聽起來多少有些駭人聽聞，但是，你對他人說得越少 —— 尤其
   是對你不信任的人說得越少，局勢對你越有利。換言之，記得留一隻眼
   睛給自己！

3. 用全身的感官來「傾聽」。事實上，行動要比說出來的話更響亮，因此，
   不妨用眼睛看看周圍所進行的一切，利用全身的感官來「傾聽」，而不只
   是用耳朵聽而已。

　　老劉夠陰險，也夠聰明，這是他劫後餘生的法寶；不過，在效仿老劉的
聰明做法之前，一定要想想看：我是真的聰明，還是機關算盡太聰明？

職場從來沒有虛位

　　一般人都認為，在公司裡只要盡心盡力，獲得業務實績，贏得上司的賞
識和老闆的歡心，加薪升遷就指日可待了。而對於那些一般行政人員，則沒
有給予應有的尊重和禮貌，認為得到他們的協助是理所應當的，所以平日就
對他們指手畫腳，急躁起來甚至會對他們頤指氣使，拍桌瞪眼，把人際關係

學的一套都拋到九霄雲外去了。其實這是一個非常嚴重的認知誤區。

事實上，有些辦公室人員的職位雖然不高，權力也不怎麼大，跟你也沒有什麼直接的工作關係，但是，他們所處的地位都非常重要，他們的影響無處不在。他們的資歷比你高，辦公室的風浪經歷比你多，要在你身上找點毛病、失誤，實在是易如反掌。

曉倩原以為外商公司的人各個精明能幹，誰知過關斬將，拿到門票進來一看，不過如此，櫃檯祕書整天忙著辦時裝秀，銷售部的小張天天晚來早走，三個月了也沒見他拿回一筆訂單；還有統計員秀秀，一個薪水小偷，每天的工作就只有統計全公司 203 個員工的午餐成本。天啊！曉倩驚嘆：沒想到進入了數位時代，竟還有如此的閒雲野鶴。

那天去行政部找阿玲領文具，小張陪著秀秀也來領，最後就剩了一個資料夾，曉倩笑著搶過說先來先得。秀秀不高興了，她說妳剛來，哪有那麼多的文件要放？曉倩不服氣，「妳有？每天做一張報表就什麼事也不做了，妳又有什麼文件？」一聽這話秀秀立即拉長了臉，阿玲連忙打圓場，從曉倩懷裡搶過資料夾遞給了秀秀。

曉倩氣呼呼的回到座位上，小張端著一杯茶悠閒的進來：「怎麼了，有什麼不服氣的？我要是告訴妳，秀秀她小阿姨每年給我們公司 2,500 萬的生意……」然後打著呵欠走了。

下午，阿玲送來一個新的資料夾給曉倩，一個勁的向曉倩道歉，她說她得罪不起秀秀，那是老闆眼裡的紅人，也不敢得罪小張，因為他有廣大的人脈關係，不少部門都得請他幫忙呢，況且人家每年都能拿回一兩個政府大訂單。曉倩說那妳就得罪我吧，阿玲嚇得連連擺手：「不敢不敢，在這裡我誰也得罪不起呀。」曉倩聽了，半天說不出話來。

第一章　走進職場，走進賽局

　　老闆不是傻瓜，絕不會平白無故的讓人白領薪水，那些看似遊手好閒的平庸同事，說不定擔當著消防隊員的光榮任務，關鍵時刻，老闆還需要他們往前衝呢。所以，千萬別和他們過不去，實際上你也得罪不起。

　　切勿以為財務部門只是做做財務報表、開開單據。在以數位化生存的時代裡，財務部門的統計資料，決定著你的預算大小和業績優劣。財務人員已經從傳統的配角逐漸走入參與決策的權力核心，他們對各個部門業務的熟悉程度，簡直會讓你大吃一驚；而對金錢的斤斤計較也使得老闆對他們言聽計從。

　　進入公司要靠人事，求得生存也靠他們，加薪升遷更要靠他們，因為他們無處不在。偶爾遲到、早退也許不算什麼，但是只要他們想做，隨時隨地都可以揪你的小辮子，你的表現又會好到哪裡去？敏銳的耳目老闆最需要。記住即使在辦公室裡放鬆片刻，背後還有一雙發亮的眼睛在盯著你。

　　除了行政和業務主管，祕書絕對是公司的一號人物。他們是老闆的親信、參謀……得罪了他們，簡直性命攸關，只要他在老闆面前隨便說上幾句，你的多年努力就會毀於一旦。他們是決定你事業成敗的關鍵人物，他們的三言兩語抵得上你的百般辛勞。

　　親信惹不得。他們可能是老闆的舊日同窗好友，可能是童年玩伴、鄰居，甚至可能是老闆的太太，如果他們發起威來，經理主管們都唯恐避之不及，何況是你？大哥大姐無處不在。進入公司的第一件事，就是把他們認出來，保持距離是你的最佳選擇。

盡快融入同事圈子

「剛才明明在說笑，怎麼我一走過就閉嘴了，難道是在說我什麼嗎？」「看著同事們談笑風生，我也想融入進去，可就是插不上嘴⋯⋯」不少步入職場沒多久的新人，他們紛紛表示，工作上邊看邊學，一段時間就可以上手，但面對陌生的環境，往往覺得很難融入已有的同事圈子中。

有人群的地方就一定會分出圈子，正所謂「物以類聚，人以群分」。辦公室小圈子是企業內部除了正常的組織之外的一種人際圈，同事平常上班，你是你的部門我是我的部門，互相交流不是很多，但下班以後便一起去吃飯、唱 KTV。

辦公室的圈子有兩類，一類是同事根據愛好、根據共同的一些特點組織起來的這樣一個人際圈，從正面的作用來講，這種圈子有助於資訊的溝通，有助於協作，有助於加深彼此的了解。

志銘就是靠「畫圈子」成就了自己的事業。志銘起初的本意是將 Tech Web 打造成一個 IT 記者必備的資料庫，但陰錯陽差，來 Tech Web 的人在論壇上都非常活躍，他們漸漸的自發形成了一個小圈子，在今年 8 月的半週年聚會上來了兩三百人，且聚會從晚上 7 點延續到了凌晨 3 點。志銘的通訊軟體上有 30 多個群組，但他常開著的就是 Tech web 的這三個群組。主編、總編的群組有 40 多人；記者編輯的群組有接近 200 人；另外一個是 PR、行銷人員、技術人員的群組，有 80 多人。他會在工作閒暇時看他們的聊天紀錄，天南海北的話題很有趣，選題企劃、生活休閒等無所不包。有時候某個媒體的主編和下屬會同時上線，他們在群裡聊天也不會顧及身分地位，對某個話題該發表什麼樣的看法也不會有所保留。

第一章　走進職場，走進賽局

　　另外一種圈子為向上有根的圈子，俗話把它稱作派系，那麼它屬於辦公室政治的一個部分，這樣的圈子很大程度上是用利益和權力作為紐帶來連接的，因此簡單而論，企業不喜歡這樣的圈子。

　　對於員工來講，要掌握一個正確的態度去對待這個圈子。一個是你要有一個正確的心態，第二個面對具體的問題的時候要有一個恰當的策略。

　　馮小姐剛畢業，由於沒有工作經驗，找工作頗費周折，好不容易找到了現在這家公司做行政祕書。初來乍到，她事事小心翼翼，每天都提早到公司，擦桌子、幫同事清理桌下的垃圾桶、整理報紙，一心想給主管和同事留個好印象。但在公司 8 個小時，除了看公司文件就是看報紙，同事們都各忙各的，無暇顧及她。中午，大家都各自結伴去吃飯，只有馮小姐一個人獨自吃飯。即使和同事在一桌吃飯，她也不知道該說什麼，只能當聽眾。工作一個多月，和同事都認識了，但也只是見面點個頭而已，她的工作是繁瑣而簡單的，總覺得自己的能力沒有得到發揮，同事也不看重，為此馮小姐非常苦惱。

　　面對陌生的職場環境，心理上剛剛斷奶的職場新人，往往會出現一段時期的「社交空窗」，常常因此更加在意自己的舉動，潛意識裡把自己固定在新人的角色上，處理人際關係時，容易拘謹、害羞、多疑和無所適從，總感覺自己落了單，這也是身為職場菜鳥的他們最容易感到苦悶的事情。

　　新人最忌諱的是害羞，不好意思接受他人的關心或幫助，只顧自己埋頭苦幹，結果事情不見得做得好，還容易給人造成「這個人很清高」的誤解。與其自己瞎揣摩，不如利用初來乍到需要先熟悉情況的空閒，多觀察觀察工作環境，如工作氛圍是開放還是保守，同事之間的交流是直接還是含蓄等，再慢慢自然的融入進去。

在這個世界上，誰都不是一座孤島。要想在職場中春風得意，人脈很重要。能夠帶來各種人脈的工具，正是各類圈子。要獲得成功，其他能力不可或缺，但圈子的力量卻可以把你引入成功之途。

別不把制度當回事

小韻愛耍些小聰明，一碰上頭痛之類的小毛病就裝作痛苦不堪狀，然後，就找藉口向老闆請假。遇上朋友約會或辦點私事什麼的，更是找藉口請假不上班，每次理由總是十分充足。老闆雖然不勝其煩，可是也不好駁回。

一次，小韻又撒謊說奶奶去世了，回老家一個禮拜。可是，七天後小韻返回公司時卻遭解雇。原來小韻與男友去旅遊了，以為無人知曉。不料，老闆的一個朋友也在該旅行團中，正巧認識小韻。小韻的這次謊言不料穿幫。老闆心想，既然妳小韻那麼喜歡請假，那不如給妳一個永久的長假好了。

有的職員認為請假是一件十分稀鬆平常的小事情。其實，這不僅是對公司，更是對自己非常不負責任的一種行為。你如果不能嚴格遵守上下班的時間，必然會造成上司對你責任心不強的評價，特別是由於你的時間觀念不強而影響到他人的工作時，那將是不可原諒的。

無論你的公司如何寬鬆，也別過分放任自己。可能沒有人會因為你早下班 15 分鐘而斥責你，但是，大模大樣的離開只會令人覺得你對這份工作沒有足夠的熱情。

也許自己所在的公司，對遲到考勤方面沒有什麼特別的要求，但我們絕不能隨便的放鬆自己，每天不是遲到就是早退，認為沒人注意到自己的出勤情況，或者認為公司對這方面沒有嚴格要求等。其實不然，你在公司的一舉

一動，大家可全都是睜大眼睛在看著呢！

每個單位都有自己的一套切實可行的管理制度，遵守制度是員工起碼的職業道德。如果你剛進入一家單位，首先應該學習員工守則，熟悉組織文化，以便在制度規定的範圍內行使自己的職責，發揮自己的所能。

在都市中，塞車和誤點是經常發生的事，所以，只要提前評估一下交通情況、選擇適合的工具後，除非是遇上意外，不然的話你必能準時抵達公司。你應該對此早作防備，養成提前上班的習慣。

作為自然的人，頭痛感冒是在所難免的，公司也並非不准員工請假，但是過於頻繁的請假，肯定會影響工作效率。請假的方式和頻率，往往也成為公司評價員工的重要依據。公司將以此評定一個人的工作態度，進而直接影響到員工的考核成績。

「沒有規矩，不成方圓。」一個企業，只有切實貫徹並執行了一套合理的制度，才有成功的保障。而考勤制度則直接關係到員工的工作態度，從出勤情況可以很快看出，誰在努力工作，誰在尋找理由混日子，所以，考勤事雖小，後果卻很嚴重！

不做辦公室糊塗人

如果你進入一個蓬勃發展的行業，一家令人豔羨的公司，一個培養管理人才的部門，擔任一項具有挑戰性的工作。你有了美好的設想，有了 5 年乃至 10 年的職業規畫。但是，在仰望星空的同時，不要忘記腳下的上地。正如莎士比亞所說：通往成功沒有坦途。可能，你幸運的推開了一扇門，但要登堂入室甚至反客為主，卻需要長久的時間。

　　你一定聽過「牛屎運」的故事。一隻火雞和一頭牛閒聊，火雞說：「我希望能飛到樹頂，可我沒有力氣。」牛說：「為什麼不吃一點我的糞便呢，這東西很有營養。」火雞吃了一些牛糞，發現它確實給了自己足夠的能量飛到第一根樹枝。第二天，火雞吃了更多牛糞，飛到第二根樹枝。兩個星期後，火雞驕傲的飛到樹頂。但不久，一個獵人看見牠，迅速把火雞射了下來。職場就是如此，「牛屎運」可以讓你達到頂峰，但不會讓你永遠留在那裡。

　　在陷阱和誘惑交織的職場，要想生存不是一件容易的事。在現代職場的辦公室裡面，人際競爭越來越激烈，同事之間的恩恩怨怨更是讓人處處提防。然而人在江湖，身不由己，並非你我與世無爭和處處妥協就能平安無事。只要你在職場中求生存，就無時無刻不面臨著來自公司四處的爭鬥與傾軋，就好比一場沒有硝煙的戰爭，由不得你選擇。既然生存是艱難的，戰鬥也是難以避免的，那麼，就讓我們打起十二分的精神來迎接挑戰，那些最有競爭策略的人，才能夠在辦公室爭鬥中存活下來，最終成為職場上的大贏家。

　　有位朋友從事酒類行銷工作，短短幾年就從基層的業務員做到地區經理，薪水達到了六位數。但令他苦惱的是，自從升遷到地區經理後就再也沒有動靜了。後來跟他溝通發現，他不小心落入職場的陷阱無法自拔了 —— 在某次內部會議上，他和公司的一個女經理因為一件小事爭吵得面紅耳赤。後來聽說這個女經理跟老闆的關係非同尋常。老闆雖然沒有說他什麼，但他也明白做行銷總監的機會很渺茫了。

　　辦公室的關係複雜而微妙，辦公室生存需要戰略和策略。成熟的辦公室人士，經過多年摸爬滾打的歷練，世事洞明，人情練達，對辦公室已經有了相當的了解。但缺乏經驗的辦公室菜鳥，所謂盲人騎瞎馬，夜半臨深池，免

不了要跌幾跤的。公司生活中的根本性因素，是一種誰也無法忽略的更為隱祕也更有決定性的力量。可以毫不誇張的說，公司政治是公司生活的精髓。公司政治是一套真正有效的控制系統。不論是普通員工還是公司的領導者，都可以合理運用公司政治的力量，實現個人和企業的成功。能否成功駕馭公司政治，是職場人士和企業家們能力高下的一個關鍵指標。

而辦公室爭鬥，是公司政治一種獨特的、激烈的表現形式，對公司來說辦公室爭鬥是有利的，會促進公司業務的超常發展，對參與者來說則是一場零和甚至負和賽局。要麼一方獲勝，一方完敗；要麼雙方糾纏不開，企業把他們統統拋棄，另起爐灶引入空降兵。從企業的角度講，保持辦公室政治的平衡，可以防止任何一方勢力占據絕對上風，有利於公司在動態的爭鬥中保持平衡。這也是為什麼有的人明明不勝任工作職位，公司卻依然安排他在那裡的原因。

辦公室新人容易被公司表面的宣傳所迷惑。諸如「公司是個大家庭，大家要互相幫助」、「公司堅持以人為本，實行人性化管理」、「公司鼓勵大家提出合理化建議和意見，提出來才好解決問題」。如果你真的照做，恐怕倒楣的就是你了。

其次，辦公室新人初來乍到，希望跟每個同事都能關係融洽。而辦公室政治恰恰是人和人的直接對抗，會導致辦公室氣氛的驟然緊張。年輕人往往夾在中間不知所措，既害怕捲入爭鬥中的任何一方，又沒有地方可以逃避。此時，如何巧妙的處理好辦公室政治，確實是對辦公室新人一項要求很高的考驗。

打雜也是磨練之道

在大多數人的職業生涯發展中，都經歷了太多太多的挫折和磨難，正因為這些挫折和磨難，為自己以後更好的發展，提供了堅實的鋪墊。

有一個年輕人，新到民營企業上班，本來應徵時，和人力資源部、老闆都談好了，做銷售總監，負責全盤的銷售。可是上班後，老闆安排他暫時做總監助理，每天負責搜集報表、通知會議等雜事，總監由老闆暫時代理。於是他就配合老闆，拿著總監的薪資，做助理的工作。直到三個月以後，他和老闆長談了對公司的目標和計畫的看法，才坐到總監的位置上，不禁長舒了一口氣。

在這三個月期間，他真是「戰戰兢兢，如履薄冰」，也產生過很多想法。在民營企業中，把高能力的人低標準使用，看他表現的實際能力，然後再給相應的職位，這是很常見的方式。千萬別想應徵什麼，就得到什麼。老闆往往是先讓你進來，等你沒有了退路再提要求。更普遍的是，招聘來的大學生，不管什麼專業的都從最基層做起，或放在市場上，讓他們自由競爭，然後選擇優秀的人，為企業所用。

其實對企業人來說，一步到位是不可能的。打雜的事沒人喜歡做，但在辦公室裡，打雜是難免的。老闆喜歡讓新進人員做雜事，有的菁英就受不了了，於是造反或跳槽。其實想開一點，老闆規定你從擦桌子、掃地開始，就是對你的磨練和考驗，先磨掉你「名校高材生」的傲氣。從中也可以看到你對困難和挫折的態度。

透過打雜，能讓你更清楚的看企業，讓你想知道自己究竟能做什麼。以前商人入行，也要從學徒開始，要學三年以上，然後師傅才教真本事。這三

年學徒，師傅要看你是否適合這個行業，要你從小事做起，培養你商人的特質。學徒期間什麼都做，直到師傅認為滿意了，心態調整好了，有強烈的求學欲望，這時候再教，不是順理成章嗎？這個時候，師傅的東西才展現出了價值。你剛來，他就迫切的湊上去，就很容易被你看清了，很可能影響學習的效果。

　　現在的老闆也是一樣，如果新人一上來就委以重任，不是對他很危險嗎？損失的是老闆呀。這樣貿然用人，對員工也是不負責任的表現，會降低你成功的可能。你在旁邊打雜，邊觀察邊揣摩，不是更容易了解整個公司的運作嗎？坐到了位置上不就更從容嗎？再說「吃人家飯就歸人家管」，既然待遇不變，只是在考驗你，在衡量你，讓你適應職位和公司，那又有什麼關係呢？如果你連這個耐心都沒有，那乾脆走了算了。

　　而且，對你來說，沒有在高位上，你的壓力小一些，可以利用這個機會總結一下，以前的職業生涯有什麼收穫？今後將怎樣規劃才對你更有幫助？多利用這個機會學習一下，也可以得到提升。

　　所以，在職業發展的各個階段，在事業的低谷，在打雜的時候，不妨轉個念頭，心態平和了，才能為下一個高峰衝刺。

機會屬於有準備的人

　　一個羽翼未豐的人積蓄的能量不夠，千萬不可輕易暴露內心、過早捲入殘酷的辦公室競爭。

　　真人不露相，露相非真人。在競爭激烈的辦公室，聰明人都很謹慎，不會輕易暴露自己的真實意圖。而很多新人往往因修行不夠，在不知不覺中鑄

成大錯，自毀前程，令人嘆惜。

一位剛畢業的大學生被一家大企業錄用了，他信心十足，鼓足幹勁，在自己的銷售職位上做得相當出色。他頭腦靈活，喜歡思考，很快就發現了公司管理上存在的一些弊端，於是經常向主管反映，然而每次得到的答覆總是：「你的意見很好，我會在下次會議上提出來讓大家討論。」

他很不滿，對主管的平庸和懦弱也很不服氣，幾次萌生了取而代之的念頭。在一次全公司大會上，他坦承了自己的想法，並建議公司實行競爭上位，能者上，庸者下。會場頓時寂靜無聲，主管早就氣得臉色發白。總經理稱讚了他的想法，認為很有新意，卻並沒有深入討論的意思。

會議結束後，他忽然發現一切都變了。同事們對他敬而遠之，主管更是冷語相向；更嚴重的是，有人向總經理投訴他收回扣、違規操作、洩露公司機密……任何一項罪名都能將一個小小的銷售員壓垮。主管們當然明白事情的來龍去脈，但為了照顧大多數人的情緒，還是辭退了他。

沒有人不想出人頭地，每個人都有自己的「野心」，但是切忌太過外露。你的「志向」和「企圖」即使是正當的，一旦在你身上得到表現，總會有人感到受了威脅。他們可能會利用手中的權力或影響力對你進行打擊，使你過去的一切努力都化為泡影。上面所說的銷售員的遭遇，不正為我們上了生動的一課嗎？

在一個群體或團體中，人人都希望自己首先「邁出眾人行列」，成為脫穎而出的佼佼者。但社會競爭又暗藏著一個法則，這就是「槍打出頭鳥」，或「出頭的椽子先爛」。如果一個羽翼未豐的人積蓄的能量尚不夠，是萬不可輕易暴露內心、過早捲入殘酷的社會競爭的。在這種時候，最需要保持低調。

你所要做的是在暗中修練自己，等待機會。在這種情況下，別人尚未察

覺你的真實意圖，而你卻早已對對方瞭然於胸。

在現實生活中，如果做不到不露聲色，你的觀點、主張、決策便很容易被對方掌握，那麼，玩弄你於股掌之上就是很簡單的事。

只有對方無從了解你的欣喜、憤怒，只有當你將自己深深隱藏起來的時候，才能夠達到迷惑對方的目的。這自然需要一定的技巧，從很多城府極深的政治家身上我們能夠看到這一點。有時，不露聲色也要掌握一定的度，把握不好，過猶不及，在適當的時候也不妨「虛則虛之，實則實之」，以攪亂對方的判斷。

辦公室應該低調做人

「夾著尾巴做人」就是將自己的真正志向與動機隱藏起來，這樣可以少遭人忌、少遭人怨。

辦公室同事之間存在著諸多利益關係。例如你升遷了，別人就少了一個機會。在這種利益關係的驅使下，你的種種行為，都可能引起同事的注意。

有一天，你到總經理那裡去匯報一件事情，同事可能會認為你去討好他；總經理吩咐你去做一件事，同事可能認為這是提拔你的預兆……

總之，由於同事之間利益關係的存在，免不了互相猜忌，爾虞我詐。

在某公司曾發生過這樣一件事：一次，經理把王某找進辦公室談話，大約談了兩個小時才出來。在這兩個小時內，其他同事的心都在提著，因為他們知道經理助理一職還缺著，這次找王某談了這麼久的話，莫非是要把他升為經理助理？大家都在暗暗著急。王某出來後，面帶笑容，什麼也沒有向同事們透露，一位同事故意上前委婉的打探，王某只是做出了一個無可奉告

的手勢。

這下，同事們都確信了總經理要升王某當經理助理。

第二天，總經理一上班，就發現有好幾封匿名信，信裡的內容全是數落王某的諸多不是。有的甚至還荒唐透頂，說王某以公謀私，貪了多少多少錢，其實王某壓根就沒有這個貪的機會。

總經理把王某叫進辦公室，把這些信給他看了。王某一看，想起昨天他出總經理辦公室後同事們的情形，明白了怎麼一回事，哭笑不得。總經理找他只不過是讓他把一個工程的細節向他仔細匯報一番，匯報完後，經理誇了他幾句，於是他出辦公室時面帶喜色，沒想到別的同事卻誤解了，才招惹出今天這一匿名信事件。

由這個例子我們可看出，同事關係是複雜的，特別是在一些升遷等問題上表現得更複雜。所以，在這種環境中，要想有所發展，必須學會保護自己。

要學會保護自己，要學會夾著尾巴做人。

平常做事時，不要鋒芒太露，處處表現出自己很能幹，能力超過別人的樣子是很讓人忌恨的，在老同事面前，要多向他們請教，多向他們學習。

做出了成績，不要把功勞攬在自己一個人頭上，儘管你在其中扮演了主要角色，但是你要對同事們說：「這個成績的獲得是我們大家共同的努力。」同事們聽了會很高興的，他們本來對你獲得的成績已有些嫉妒，但聽你這麼一說，他們就會感覺到自己也的確有那麼一份功勞，從而減少了妒忌心。切記，千萬不要到處誇耀你的功勞。

如果你的確有向上爬的野心，就要埋頭好好做事，千萬不要顯露出你要爭一個經理或一個副經理職位的樣子，否則，你很容易成為眾矢之的，像上

例那位被誤解的王某一樣，別人甚至還可能設置陷阱讓你鑽。到那時，你就會發現你犯了大錯。有野心，還要善於隱藏，在積極做事的同時，擺出一副「只問耕耘，不問收穫」的態度。

　　夾著尾巴做人，你才能保護好你自己。

第二章　清楚自己在職場中的位置

用腦袋去工作

有這樣一個很深刻的實驗：

有 6 隻猴子關在一個實驗室裡，頭頂上掛著一些香蕉，但香蕉都連著一個水龍頭，猴子看到香蕉，很開心的去拉香蕉，結果被水淋得一塌糊塗，然後 6 隻猴子知道香蕉不能碰了。然後換 1 隻新猴子進去，就有 5 隻老猴子 1 隻新猴子，新來的猴子看到香蕉自然很想吃，但 5 隻老猴子知道碰香蕉會被水淋，都制止牠，過了一些時間，新來的猴子也不再問，也不去碰香蕉。然後再換 1 隻新猴子，就這樣，最開始的 6 隻猴子被全部換出來，新進去的 6 隻猴子也不會去碰香蕉。按照這樣發展下去，籠子哪怕不能噴水了，猴子也再不會嘗試去吃香蕉。

如果猴子夠理性，牠會發現現在上面已經不澆水了，如果猴子們有思考能力的話，牠會發現上面原來架著的水桶沒有了，但是在傳統面前，牠們還是選擇不吃。其中的關鍵就是牠們欠缺獨立思考的能力！

第二章　清楚自己在職場中的位置

世界著名的成功學大師拿破崙・希爾曾著過《思考致富》一書。為什麼是「思考」致富，而不是「努力工作」致富？希爾強調：最努力工作的人最終絕不會富有。如果你想變富，你需要「思考」，獨立思考而不是盲從他人。成功者最大的一項資產就是他們的思考方式與別人不同。

惠普前高階管理者曾深有感觸的說：「惠普這樣的跨國公司不提倡員工們整天努力拚命的工作，而是提倡員工們聰明的工作，希望員工們在工作中能多動腦筋，想出更好的辦法去解決問題、完成工作，從而提高工作品質和效率。」

在老闆的世界裡，時間就是金錢，績效就是生命。工作績效遠比廢寢忘食更重要。任何企業都注重員工的工作態度，但更注重員工的工作能力。要獲得高績效，就要以「巧幹勝於蠻幹，聰明勝於拚命」為工作指導原則。

馬克和喬治同時受僱於一家超級市場，都從最基層的工作做起。然而不久，馬克就獲得了總經理的青睞，一再被升遷，從領班一直被提拔到了部門經理。這讓與馬克同時進來的喬治很不服氣。喬治找到總經理，向他提交了辭呈並痛斥總經理的不公，對自己這樣辛辛苦苦的工作的員工，非但不提拔，還正眼都不看一下，相反，對一些喜歡吹牛拍馬屁的傢伙，卻一再提拔。

總經理耐心的聽著，因為他了解喬治這個年輕人。他工作肯吃苦，但似乎總是缺了點什麼，究竟缺了什麼，他一直在思考。今天，當事情已經到了不得不正面面對時，總經理把喬治與馬克一比較，終於知道了兩人的差距。於是，總經理有了讓喬治明白自己缺陷的辦法。

「年輕人，」總經理說，「你現在立刻到市集上去，看看今天有什麼賣的。」

喬治很快就從市集上回來說，剛才市集上只有一位農民拉了一車馬鈴薯在賣。

「一車大約有多少袋，多少斤？」總經理問。

喬治又跑去市集，回來後說了袋數和每袋的重量。當總經理問他價格是多少時，他又只好再次跑到市集上去。

看著跑得氣喘吁吁的喬治，總經理說：「請先休息一下，讓我們來看看你的朋友在相同的時間裡都做了些什麼。」說完叫來了馬克，吩咐他說：「你馬上到市集上去，看看今天有什麼賣的。」

馬克很快從市集上回來了，匯報說：「到現在為止，只有一位農民在賣馬鈴薯，有 40 袋，價格適中，品質很好，我帶了幾個回來讓您看一下。這個農民等一下還會弄幾箱番茄上市，據他說，價格還算公道，可以進一些貨。我想，這種價格的番茄您大概會要，所以我帶回來了幾個番茄作為樣品，並把那位農民也帶來了，他現在正在外面等著回話呢。」

總經理看了一眼旁邊紅了臉的喬治，說：「這就是馬克獲得晉升的原因。」

聰明的工作意味著你要學會動腦，用思考代替埋頭苦幹。如果你一味的忙碌以至於沒有時間來思考少花時間和精力的方法，那是得不到事半功倍之效的。事實證明，要獲得高績效，就要明白「巧幹勝於蠻幹，聰明勝於拚命」的道理，並在工作中以此為指導原則。

螞蟻向來以勤奮工作而為人們所稱道，但是根據科學研究發現，螞蟻群裡面存在許多「懶螞蟻」。這些懶螞蟻很少做事，總是東張西望、到處閒逛。令人不解的是，大多數都很勤奮的螞蟻為什麼要養活這些不做事的「懶蟲」。

為了弄清楚其中的奧祕，生物學家在這些懶螞蟻身上做了標記，並且斷

絕了螞蟻的食物來源，觀察螞蟻會有什麼樣的反應。其結果讓觀察者大為驚奇：那些平時工作很勤快的螞蟻卻不知所措，而那些被做了標記的懶螞蟻則成為牠們的首領，帶領夥伴向牠們平時早已偵察到的新食物源轉移。接著，生物學家們再把這些懶螞蟻全部從蟻群裡抓走，隨即發現，所有的螞蟻都停止了工作，亂成一團。直到他們把那些懶螞蟻放回去後，整個蟻群才恢復到繁忙有序的工作中去。

生物學家發現，大多數螞蟻都很勤奮，忙忙碌碌，任勞任怨，但牠們緊張有序的勞作卻往往離不開那些不工作的懶螞蟻。懶螞蟻在蟻群中的地位是不可或缺的，牠們能看到組織的薄弱之處，擁有讓螞蟻群在困難時刻仍然存活的本領，使自己在蟻群中不可替代。

身在職場的我們必須明白，僅有勤奮還不夠，因為肯勤奮苦幹的人隨處可見。更重要的是，我們要學會聰明的工作，善於解決企業中的難題，培養自己的核心競爭力，進而成為組織裡很難替代的人。

在美國，年輕的鐵路郵差吉爾曾經和千百個其他郵差一樣，用陳舊的方法分發信件，而這樣做的結果，往往使許多信件被耽誤幾天甚至幾週。吉爾並不滿意這種現狀，而是想盡辦法去改變。很快，他發明了一種把信件集合投遞的辦法，極大的提高了信件的投遞速度。吉爾因此獲得了升遷。五年後，他成了郵務局主管助手，後來當上了局長，最後升任為電報公司的總經理。

是的，當誰都認為工作只需要按部就班的做下去的時候，偏偏有一些優秀的人，會找到更有效的方法，將效率更快的提高，將問題解決得更好！正因為他們有這種找方法的意識和能力，所以他們以最快的速度獲得了認可！

「你的頭腦就是你最有用的資產。」勤奮努力並不一定就能獲得好業績。

對於一名傑出員工來說，僅有努力還不夠，還要懂得思考，懂得不斷改進自己的工作方法。而這才是所有的老闆所希望的。

不做別人的犧牲品

公司採購部門經理和副經理素來不合。兩人只是表面上維持著和平，暗地裡卻相互對峙。某一天，原來的副總另起爐灶，給了兩位經理一個升遷的機會。兩人素有的矛盾不禁一下子激化，而且更是將勢不兩立進行到底。辦公室裡的人都在心中醞釀著，到底該投靠哪一邊才能確保以後的日子舒坦無憂？

小朱技術出身，跟了經理8年，因為踏實而好學，所以非常受到經理的喜歡。眾人在討論分幫結派時，並未將小朱考慮在內，認定他是鐵定跟經理的。

就在正副經理鬥到水深火熱、勢均力敵的時候，小朱卻突然倒戈相向。8年的時間，足以讓一個初出茅廬的年輕人掌握他所需要的技術技能，而且更重要的是，他的倒戈，意味著經理不再是不可或缺的人，因為小朱的能力已經可以取代他的「獨一無二」。

最終，經理落敗，捲鋪蓋走人。小朱望著沮喪離開的經理，心中也是複雜不已。小朱雖然也感激他的栽培與幫助，但畢竟識時務者為俊傑，因為有經理這座高山擋著，他小朱永遠不會有出頭的那一天。

但很快，小朱就意識到自己犯了一個嚴重的錯誤。他與副總的思維方式完全不同，兩個人根本無法進行流暢的交流。副總請他抽菸，他不抽，副總臉色一陰，自己點了一根。副總發起脾氣來，各種言詞都會從嘴裡出來，其

他人挨罵了，呵呵一笑了事，他卻大半天回不過神來，覺得自尊心非常受傷害。他開始懷念經理，追憶與他每次交談後那種神清氣爽的美妙感覺。大約半年後，小朱的辭職信還未遞出，副總便已經委婉請他開路。半年時間，足夠副總找一個品味相同、心性相投的得力下屬。

　　小朱原本以為自己是棄暗投明，實際上卻淪為別人爭鬥的犧牲品。正所謂「飛鳥盡，良弓藏，狡兔死，走狗烹」，你原以為背靠的是根深葉茂的大樹，能夠受到賞識，誰知道人家利用完你，轉眼間就棄你而去。

不要只做吩咐你的事

　　在職場，有很多的事情也許沒有人安排你去做。如果你主動的行動起來，這不但鍛鍊了自己，同時也為自己積蓄了力量。其實，主動是為了替自己增加機會 —— 增加鍛鍊自己的機會，增加實現自己價值的機會。

　　小芬過去一直有懷才不遇的感覺，進公司快一年了，她覺得自己一直在打雜。這天下午，上司把她叫了過去，讓她在兩個星期內完成一份當地各大商場基本情況的調查報告。雖然公司是做家電生產的，但她從未涉及過商業方面的事情，於是，她對上司脫口就問：「到哪裡去找資料？」

　　上司淡淡的說：「妳自己想辦法吧。」說完，就外出辦事去了。

　　小芬愣住了。平時總想做點具體工作，但當具體工作真正到來時，又有些措手不及。

　　在新經濟時代，昔日那種「聽命行事」不再是「最優秀的員工」模式，時下老闆欣賞的是那種不必老闆交代，積極主動去做事的人。那些不論老闆是否安排任務、自己主動促成業務的員工，那些遇到問題後不會提出任何愚笨

的問題的員工，那些主動請纓、排除萬難、為公司創造驚人業績的員工，就是時下老闆要找的人。

小劉大學畢業後，進入了一家著名的科技企業。十幾天後，他即被升任為主任工程師，一年後被任命為公司總工程師，27 歲時即被提拔為公司最年輕、最受倚重的副總裁。這位才華橫溢的年輕人晉升如此神速，就在於他不但對技術的發展趨勢非常敏感，而且總能夠向總裁提供許多有前瞻性的建議，總能提前為所開發的技術項目解決難題。當別的員工還在為一個產品在市場中的成功而陶醉時，小劉已經向總裁提出新的建議，並著手開發下一代產品了！很顯然，這樣的員工無論在哪個公司都會受到老闆的青睞。

老闆欣賞那些富有智謀，能獨當一面的人，而不需要那些優柔寡斷的人。同樣一件工作，有的員工可以輕鬆的完成，而有的員工卻困難重重，毫無頭緒。一個優秀的員工應能充分發揮自己的主觀能動性，調動一切可以調動的資源，在合理的時間內創造出良好的工作業績。

公司的大目標和員工的小目標都是為公司創造財富。任何老闆都需要那些主動尋找任務、主動完成任務、主動創造財富的員工。工作主動性強的員工，則勇於負責，有獨立思考的能力，在業務上追求盡善盡美，認真處理那些難度大、要求高的工作；而那些工作主動性差的員工，墨守成規，害怕犯錯，凡事只求忠誠於公司規則，老闆沒讓做的事，絕不會插手。

年輕的洛克進入一家石油公司上班，他所做的工作就是巡視並確認石油罐蓋有沒有自動焊接好。石油罐在輸送帶上移動至旋轉臺上，焊接劑便自動滴下，沿著蓋子迴轉一周。這樣的焊接技術耗費的焊接劑很多，公司一直想改進，但又覺得太困難，幾次試驗都宣告失敗。而洛克並不認為真的找不到改進的辦法，他每天觀察罐子的旋轉，並思考改進的辦法。

經過觀察，他發現每次焊接劑滴落 39 滴，焊接工作便結束了。他突然想到：如果能將焊接劑減少一兩滴，是不是能節省一點成本？於是，他經過一番努力，研製出 37 滴型焊接機。但是，利用這種機器焊接出來的石油罐偶爾會漏油，並不理想。但他並不灰心，又繼續尋找新的辦法，後來，終於研製出 38 滴型焊接機。這次改進非常完美，公司對他的評價很高。也許你會說：「節省一滴焊接劑有什麼了不起？」但「一滴」卻為公司帶來了每年 5 億美元的新利潤。

工作中遇到林林總總的問題時，不要幻想逃避，也不要猶豫不決，更不要依賴他人，而要勇於面對和迎接，勇於做出自己的判斷。對於自己能夠判斷，而又是本職範圍內的事情，要大膽的拿出主意，讓問題在自己那裡解決。解決了問題，你才能迎向新的契機。如果你一味只做別人做的事，你最終只會擁有別人擁有的東西。

職場新人不要選錯邊

當你還是一個小卒的時候，沒有什麼比選對邊更重要的了。

一將功成萬骨枯，辦公室小卒很難逃脫被別人掌控的命運，充其量只是別人手中或落或起的棋子。你完全沒有後退的機會，因為你根本就沒有後退的可能，你只有一個選擇，那就是向前，向前，向前，再向前！這就是身為小卒的命運。當你前進得不能再前進時，你的生命力也就宣告終結。

辦公室的人際爭鬥是一種常態，你可以不主動參與，但這並不代表你有迴旋的餘地，在辦公室一味的迴避是不可能的。辦公室新人經常遇到的一個問題是，兩個不合的上司同時向你下達不同的指令，你要麼執行 A 的，要麼

執行 B 的。當你已經沒有退路的時候，選擇誰是非常重要的一件事 —— 這就是辦公室的選邊學問。

面對兩個以上主管發出的完全相反的指令，此時無論你遵從哪一條指令，都會令另一方大動肝火。這一必殺之局的無可逃遁之處在於，你遵循指令的一方未必會因此而認同你的工作，而遭到你反抗或蔑視的另一方則視你為必欲除之而後快的異己，形勢逼迫你必須做出選擇！

你做出選擇要考慮的第一個基本原則是：如果下達矛盾指令的雙方地位有高有低，就遵從地位高的指令行事。而如果雙方勢均力敵，那就需要你立即做出選擇：選邊。

你必須運用自己的智慧，挑選一個會接受你，同時對你在職場的地位也有利的高階主管，如果你選擇錯了，那就一切都完了。似乎這樣的做法對企業來說不是一件好事，但是，當你只不過是一個小卒的時候，還沒有資格奢談公司命運之類的問題。

那些位高權重者，他們高高在上，關心公司更甚於職員，因為他們的命運與企業息息相關。正是基於這樣一個現實，他們不能容忍任何與他們的理念相悖的行為或員工存在。

只有選對了邊，跟對了人，才有可能在公司中立足。那些天真的、以為自己可以成為逍遙派的辦公室新人，隨時都要經過選邊的考驗，無論你對辦公室政治是多麼厭憎，但有一點，現實是無法改變的，尤其是你的地位與影響微乎其微的時候。

站在競爭勢力的中間

1968 年，美國總統大選期間，季辛吉打了一個電話給尼克森的競選團隊，明確表示他可以向尼克森陣營提供寶貴的內部情報，尼克森團隊高興的採納了他的提議。在這次競爭中，洛克斐勒也是競選人之一，但是他失敗了，而季辛吉一直以來都是洛克斐勒的盟友。

與此同時，季辛吉也向民主黨的提名人韓福瑞表示了他的這種意願，韓福瑞要求他提供尼克森那邊的內部消息，季辛吉就把尼克森的一切全盤托出了。

其實季辛吉真正想要的就是內閣的位子，而尼克森和韓福瑞都答應給他這個位子，不管誰贏了大選，季辛吉都將從中獲利。

最後，勝利者是尼克森，季辛吉順利的當上了國務卿，但他仍然小心翼翼的與尼克森保持一定的距離。當福特上臺時，原來與尼克森非常親密的人都被迫下臺了，而季辛吉又成為福特的親信。他因為與尼克森保持了適當的距離，倖免於難，繼續在動盪的年代裡叱吒風雲。

人們往往容易尊重那些保留自己獨立立場的人，因為他們讓別人無法掌握。這種名聲會隨著權力的增加而得到提升。欲望是會傳染的，只要有一個人想要拉攏你，緊接著就會有更多的人想要拉攏你。所以你不要屈從於權力，權力只是一種手段，而不是你最終的目標。

站在競爭勢力的中間，審時度勢更容易贏得權力並加強自身的影響力。關注你的人越多，你的價值提升得就越快，影響力也就越大。你放在桌子上的籌碼增加了，想要的東西就越容易得到了。

容易支配的東西總是不被珍惜，因此，不要輕易的投入自己的感情。距

離產生美，所以要保持距離，這樣才更容易引人注意。給予希望，但是永遠不讓對方滿足，這是進退規則的良策。

傾倒的方向一旦固定不變，魅力就會消失殆盡，就會變得庸俗，從而失去自己的光彩。

所以，你應該鼓動別人關注你，激發他們的興趣，但是不要被這種熱情所迷惑，即使困難重重也要保持獨立，這個困難越大，就越容易引起別人對你的關注。

實施這套策略，必須保持內心的自由，把周圍的人和事都視為自己攀登頂峰的臺階，而不是為別人搖旗吶喊。

季辛吉在擔任美國國務卿的時候，想在談判桌上和前蘇聯達成和解。他非但沒有讓步，反而和他們一向遏制的中國來往密切。前蘇聯感到不安了，如果美國和中國走在一起，前蘇聯將會被進一步孤立。季辛吉訪華促進了美蘇關係的改善，對世界和平產生了不小的作用。

所以，千萬不要與人過於親近，或者讓他人過分親近你。天上的星星從來不與我們接近，所以才能永保輝煌。最常用的東西往往得不到愛惜，因為接觸得越多，缺點就越明顯，而掩飾這些缺點的最佳方法就是緘默。

在一些企業尤其是大公司裡，利益集團、勢力派別可能會有很多，無論你選擇哪一個派別，你都會因此有所獲得、有所失去。如果能適當的採用「站在競爭勢力中間」的策略思維，可能會使自己立於不敗之地，並因此獲得一個攀升的契機。

找個實力派系做靠山

在職場上，作為一個下屬，置身事外的智慧是必不可少的。

小劉大學畢業後，接到了一家著名的日本電器公司的聘書，這讓小劉感到無比榮耀。

但職場上的人際關係十分微妙複雜，稍有不慎，就會陷於被動，這是小劉始料未及的。在小劉的公司裡，部門的一般職員都是當地人，直屬上司是香港人，部門經理又是日本人。香港上司在加拿大長大、求學，滿腦子西式的管理理念；而日本經理是總部直接派來的，日式管理風格已經根深蒂固。兩人在日常事務的處理上常常意見相左，這可苦了下面辦事的職員，不知道該聽誰的好，討好了這個，就得罪了那個。可一個是頂頭上司，一個是部門經理，得罪了誰日子都不好過呀！

不過好在小劉天資聰穎、八面玲瓏，在兩個上司面前居然能左右逢源。一年後，部門裡的同事，有的被調走，有的自動請辭，只有小劉得到了提拔，薪資標準已經和香港上司一個級別了。

辦公室中，主管與主管之間、主管與間接主管之間，常常也會發生許多權位之爭，他們明爭暗鬥，面和心不和，讓夾在中間的下屬不知如何左右逢源、兩頭不得罪。

一般來說，導致主管之間出現權位之爭（或矛盾）有以下幾種情況：

一是主管剛剛調走，位置空缺，然後有兩個或多個旗鼓相當的「候選人」競爭，或者這些候選人都有一定的「背景」，他們互不買帳，大家開始暗自爭奪、拉幫結派。

二是正職不太能幹而副職非常能幹，能力的對比和職權的對比不協調。

正職只能用權力來打壓副職或者乾脆「睜一隻眼，閉一隻眼」，雖然「綏靖」也心有不甘，總想排擠副職。

三是多頭管理。幾個職權相近的主管都有發言權，但觀點卻又不盡相同，而且誰也左右不了誰。

四是主管們之間表面和諧，暗地裡卻互相拆臺。

只要有辦公室政治的地方，你就無法逃避這些形形色色的權力爭鬥。在瀰漫的辦公室硝煙中，稍有不慎，你可能就成了這場政治爭鬥的暫時武器和犧牲品。遇到這種情況，你不妨採取中立的態度 —— 誰也不得罪，誰也不傾向，等距離來往，不讓其中的一位主管認為你是另一個主管的人，以免造成一榮俱榮、一損俱損的惡果。

比方說，當兩位主管當著下屬的面發生爭執時，你一定要保持沉默，或者說些無關痛癢的話。又如，處長不在，科長要求你做出表態時，你可以適當附和。儘管這種做法似乎不辨是非曲直，卻是非常實用的叢林法則，可以保證自己在權力爭鬥中抓住核心利益，防止選錯邊。

但是，在現實的工作中，想要完全保持中立往往是相當困難的。有這樣幾種情況：

1. 可能你過去就與某一位主管關係比較好，來往也比較多。後來，新主管來了之後，與舊主管發生矛盾。此時，你就不好辦了。因為，如果你採取中立的態度，等於是與舊主管疏遠了。這樣，他很可能會認為你是不值得信任的，從而對你產生看法。

2. 主管在彼此發生衝突的情況下，都想拉攏一幫人，建立自己的團隊，他往往會從周圍人中間選擇他認為信得過的人。當他找到你的時候，你如果以中間人的態度對待他，顯然會得罪他。

3. 兩邊不得罪，往往會造成兩邊都得罪的結果。

遇到上述情形，顯然走平衡術是不現實的，因為無論你怎麼抉擇，都難免兩頭都得罪，此時保全自己的辦法就是，寧得罪君子，不得罪小人。因為那些行事光明磊落的主管，不會斤斤計較，更不會暗地裡惡意中傷；而那些小人卻會睚眥必報，表面上和你和和氣氣，暗地裡卻使手腕打壓你。

如果兩位主管用命令「壓」你，你該聽誰的？叢林法則指出，不妨厚起臉皮，硬起心腸，別管原來與主管的關係如何，哪一方勢力大就聽哪一方的。

所以，要想避免在主管爭鬥的漩渦裡成為犧牲品，乾脆誰的職位高聽誰的；兩個職位相當的主管衝突，堅決服從自己的直屬主管。比方說，當科長與處長的衝突不斷升級時，局長一定會支持處長，這是整體利益決定的，除非局長想讓科長代替處長，則另當別論。所以你要堅決服從處長。

當然，如果你使完了以上這些招數，發現辦公室裡的氛圍實在太「勾心鬥角」，難以自處，不如三十六計，走為上策，這也許是最好的解決辦法。

低頭做事，抬頭做人

在事情變糟之前往往會有一些先兆出現，關鍵在於你是否能夠觀察到它們並嚴陣以待。如果你在第一時間內洞察到細微的徵兆，你可能會因此而做出調整或者乾脆抽身而退。或者，至少你可以利用它們來解釋後面發生的一切，這樣就用不著在經歷挫折後過分的責備自己或他人了。

將這些徵兆作為預警，記錄在紙上或者你的頭腦中 —— 無論怎樣，你都應該對它們格外留意，因為每個徵兆前方都可能潛伏著一頭名叫問題的怪

獸。當這些怪獸出現在你面前時，你已經得到了預警，即使當時你沒有辦法做什麼，但是，事情過後，這些徵兆可以幫助你更好的理解到底什麼地方出了問題。

你是否聽過那則關於青蛙的故事？故事未必是真的，不過據說有其科學根據。這故事說，若把一隻青蛙放進滾水裡，牠就會馬上跳出來，可是若把牠放進冷水然後緩慢加熱，那麼青蛙就會繼續待在鍋裡，直到被煮熟。

下面的故事說的就是一隻職場「青蛙」。

阿偉剛剛加入一家諮詢公司，馬上要參加該公司的入職培訓課程。一切看起來都很順利，他對這家享譽國際、菁英雲集、以銷售管理培訓課程為主營業務的公司也很滿意。因為，培訓結束後，他就是區域銷售團隊中的一員了。

更讓他備感興奮的是，該銷售公司的專案主任林經理之所以會在幾十位應徵者中選擇他，是因為他在攻讀 MBA 的時候就曾經制定過銷售計畫，撰寫過銷售報告。事實上，林經理僅僅看了一眼他的履歷就決定錄用他了，換在平時，至少要經過電話面試才能最後定奪呢！

阿偉覺得有些飄飄然，至少這說明公司對他是高度信任的。儘管他對公司的銷售計畫和銷售方法知之不多，而僅僅看過該公司的一份簡明扼要的說明手冊，但是，考慮到公司有關保密方面的規定，他覺得對方不提供這些資訊是合情合理的。

「在銷售培訓中，我一定會知道更多的細節。」阿偉心裡這麼想。

既然公司這麼快就決定錄用他，這確切無疑的意味著整個過程一帆風順，不是嗎？

實際上，該公司的銷售團隊已經埋下了一個個導致阿偉將來受挫的伏

筆 —— 他們當然不會承認這一點，於是就將所有的責任歸結到阿偉身上。

遺憾的是，阿偉並沒有留意到一個又一個接連出現的徵兆，最終在職場厄運降臨到自己頭上的時候還懵懂無知。

由於要到公司總部培訓，遠在總部的林經理傳真給阿偉一份資料，讓他從幾家航空公司提供的航班時刻表中選擇一個最合適的。

阿偉挑選了一個航班，按照時間推算，完全可以趕上第二天的培訓會議。可是，林經理卻給了阿偉一個建議 —— 乘坐較晚到達的一個航班。

雖然阿偉擔心由於中途飛機轉機會浪費時間，甚至還可能導致趕不上培訓會。但是林經理打包票，如果出現問題，一切責任將由公司承擔。

不幸的是，阿偉不僅飛機誤點，而且還得在一個陌生城市住一夜，那就意味著趕不上第二天的培訓會。但是林經理信誓旦旦的說，有他在，一切都可以幫助阿偉搞定。

當阿偉到達公司總部時，培訓已經開始一個多小時了 —— 新招募的銷售團隊正聚在一起討論如何向不同行業的企業客戶推銷他們的產品。

儘管阿偉希望自己可以做一個簡單的自我介紹，或者解釋一下自己為什麼會遲到，但是，似乎每雙眼睛都盯在培訓師身上，根本沒有人意識到他的存在。

無奈，只好說了一聲「大家好」，可是，大多數人似乎都聽而不聞。他只能硬著頭皮加入到團隊中來，感覺像一隻落群的螞蟻一樣，不知道接下來會發生什麼。

雖然如此，阿偉仍然希望能夠盡快融入到這個團隊中來。在接下來進行的角色扮演遊戲中，他需要找一位夥伴合作。幸運的是，一名叫阿德的新員工建議他們兩人組成一組 —— 首先，他開始了產品示範，而阿偉扮演一位潛

在客戶；不過，即使阿偉自始至終都在認真觀察他的動作，但是，他仍然不清楚自己應該做些什麼。

中午休息的時候，阿偉希望林經理可以詳細解釋一下整個培訓活動——其實，他們在出發前就是這麼說定的。可是，林經理並沒有向阿偉詳細的介紹培訓活動，只是用了一個搪塞阿偉的說法：「我這裡有公司的培訓資料，你看一看就會明白了。」

阿偉自然很感激林經理，拿過來一份公司培訓資料看了起來，可是仍然對其中好多地方不是很明白。於是，阿偉就趕緊請教林經理，讓阿偉沒有想到的是，林經理針對阿偉的問題給的答案是：「這是公司機密，暫時不能透露。」當阿偉以自己是公司內部人事，請求林經理解釋時，林經理嚴肅的說：「沒有商量餘地。」

阿偉只能作罷。不過，幾分鐘後，他和銷售團隊中的其他新人一樣提出了另外一些問題——當然，他的問題明顯要多出許多。

在培訓第三天中間休息的時候，一件令阿偉意想不到的事情發生了。

「跟我來一下。」林經理對他說，面色陰沉。

「我覺得你在銷售培訓活動中的表現很糟糕，」林經理語氣堅定，「這或許是因為你的銷售技能有待提高。」

阿偉不知道自己什麼地方做錯了，他試圖證明自己的能力：「是因為我遲到了嗎？還是因為我提出的問題太多了？你能告訴我我需要改進哪些問題或者提高哪些方面嗎？」

不過，林經理卻不想解釋太多，而是僅僅告訴他：「這是最後的決定，沒有任何商量的餘地。」

事情就是這樣，一切都結束了。

第二章　清楚自己在職場中的位置

　　林經理陪同阿偉一起收拾他的行李，走出總部大樓，叫上一輛計程車，這樣他才能趕上今天早上的航班。

　　如果換成是你，你會怎麼做？或者說，如果換成是你，你之前應該怎麼做？

1. 在起飛參加培訓之前對銷售培訓課程做更多的了解。如果經理不希望過多解釋，就別去參加。

2. 即使飛機要中途轉機，選擇一個轉機時間長一點的航班，否則的話，乾脆拒絕對方的建議吧。這顯然是一個圈套，他在將自己的錯誤轉嫁到你的身上，而絲毫不考慮可能的結果有多嚴重。

3. 航班一旦延誤，就取消整個旅程。因為航班的延誤很有可能讓中途轉機出現麻煩，這很可能是一個預警信號。

4. 遲到後要求培訓師簡單的介紹自己和他人以及剛剛培訓的內容，因為如果你不了解自己扮演何種角色的話，你根本無法勝任角色扮演遊戲。

　　這樣選擇的結果：

　　如同阿偉的故事所闡明的，預警信號不時的閃爍在我們周圍，提醒我們有些事情不對勁。舉例來說，林經理和他的銷售團隊為阿偉設置了一個特定的場景，而這註定會是一場失敗的經歷；不過，他們卻「巧立名目」的將所有的過錯歸結到阿偉身上，指責他不具備勝任該工作的技能。

　　第一個預警信號出現在選擇航班的時候。他們表面上是為了省錢，但是，卻布下一個謎局 ── 只要飛機的起飛有一點點的延誤，阿偉就極有可能錯過中途轉機。不妨想想看，現在，飛機誤點已經是家常便飯，可以說，阿偉錯過中途轉機的機率幾乎就等於 100%。

　　第二個預警信號出現在培訓活動開始的時候。林經理沒有留出任何的時

間歡迎阿偉的到來，也沒有向其他人引薦他，而是讓他一個人茫然無知的加入整個團隊中，靠自己摸索前方到底該怎麼走。如果一個人根本沒有任何絲毫的準備，也沒有其他人的輔導和支持，那麼，即使他的技能無可挑剔，也找不到任何施展的空間。

第三個預警信號是公司的保密制度。林經理並沒有向阿偉說明培訓的目標、期望以及進度安排。儘管阿偉曾經多次提出問題，希望自己掌握更多的資訊，但是，林經理卻以「機密」為由把一切隱藏在藉口背後。可以這麼說，即使阿偉如林經理所說在銷售培訓中表現不佳，這並不是因為阿偉能力有限，而是因為林經理沒有做好自己的培訓工作。

如果一開始註定會是一場失敗，所有的努力都可能會化為泡影。

那麼，阿偉究竟有沒有機會擺脫困入陷阱的厄運呢？

當然有可能。如果他能觀察到早期的預警信號的話，他可能會想到一系列後續問題，進而避免盲目的步入陷阱之中。

舉例來說，當林經理最初建議選擇轉機時間最短的那個航班時，阿偉可以要求選擇另外一個更昂貴的航班，因為中途轉機可能會滋生不少麻煩。儘管這意味著自己可能得不到這份工作，但是，總比白白浪費了三天的時間仍然一無所獲要明智許多。

當阿偉得知航班要延誤後，他應該意識到自己可能會因此而錯過中途轉機。如果他能敏銳的抓住這個微弱的信號，那麼，他就可能取消這個航班，轉而選擇其他交通方式或者乾脆辭去當前的工作。

或者更早些時候，阿偉可以詢問一下有關培訓的更多資訊，以及公司期望在多長的時間內得到怎樣的結果，而不是在接到錄用通知後沾沾自喜。如果掌握了這些資訊，也許他會明白掌握產品示範、銷售說明等技能所需要的

時間太短了，自己可能無法做到。這樣的話，在決定是否要參加培訓前，他可能會三思而行。

你可能有疑問說：「既然林經理一開始就為阿偉設了一個局，那為什麼最初還要錄用他呢？」

說穿了很簡單：阿偉應徵的區域銷售業績不佳，公司總部怪罪下來，於是，林經理不得不回應公司總部的建議多招募一些區域銷售代表。但是，當前的職位已經飽和了——換言之，銷售業績不佳並不是由於銷售代表人數太少，而是其他方面的原因。

因此，招募新員工只是為了走形式做給總部看而已，而阿偉恰恰就扮演了走上這個舞臺的戲子——培訓開始的時候，恰恰就是曲終人散的時候。

三思而行的確是一句值得記於衣角的箴言，這會讓我們避免盲目的落入未知的圈套中——如果我們預先看到某種不祥徵兆的話，我們可能根本就不會選擇繼續前進。否則的話，一旦回憶起一路走來不斷警示你的各種跡象，你就只能責備自己或者悔恨交加了。

當然，吃一塹，長一智。將整個過程視為一段學習的歷程，你就會明白：一定要密切留意出現在你左右的各種徵兆，因為它們往往預示著各種問題像地雷一樣埋伏在前面。這樣一來，你就不會盲目選擇不假思索的跳了，你就不會從陡峭的懸崖上跌下，因為你已經看到了前方地平線的下降趨勢。

如果要從阿偉的故事中借鑑一些教訓的話，至少應該包括以下幾點：

1. 如果前方很可能是失敗或者挫折在等待著你，最好不要出發，如果你已經在路上了，越早離開越好。

2. 留意你身邊的各種跡象和徵兆，如同開車時留意路兩旁的交通指示牌一樣。

3. 你前進的速度越快，錯過各種跡象和徵兆的機會就越大。因此，不妨暫時放慢你的節拍，留出一定的時間來觀察四周，直到你確定已經完全看清楚前方的道路為止。

4. 即使專家也未必能看清所有的跡象和徵兆，還是把任務留給你自己吧。

5. 你看到的問題徵兆越多，你急流勇退的速度就越快。

6. 徵兆如同禁菸標語一樣，哪裡有標語，哪裡就有失火的可能；這無疑是在告訴你：前方可能有麻煩，小心了！

辦公室畢竟不是你家

辦公室和家，直覺告訴我們，那是風馬牛不相關的兩個地方。不要把辦公室當成家，這個道理大家都理解，但是有些職場人卻會在自己的某些弱勢與貪占便宜心理驅使下，不自覺把辦公室當成居住的家或者情感的家。表面上看，同事們都會像個家人那樣配合你，但是事實上，他們都對你頗有非議了，私下裡一定在批判你的幼稚。

某大型企業，有一天，忽然因辦公場所檢修而放假半天，一打聽，才知道是發生了電磁爐爆炸的事件。辦公室有微波爐和冰箱，是為了方便自帶午餐的同事，這個大家都並不奇怪，可是這次居然連電磁爐都冒出煙來，究竟是怎麼回事呢？

原來，該企業有一位單身男員工，真正是把辦公室當成了家。吃在公司，電磁爐和電鍋都是公司的，員工餐廳還有柴米油鹽和青菜雞蛋可買；住在公司，夏天最方便，幾張椅子一拼，鋪上一張亞麻席子就可以夢周公，冬天是麻煩一點，到休息室湊合一下，倒也是蠻舒適的。休閒娛樂方面，公

司 24 小時供電供水，電話可以直撥，開機即可上網，隨便裝個軟體就可以看電視，大樓戒備森嚴，安全問題上也絕對不必擔憂。如果不是這次這位員工忘記了關電磁爐而導致爆炸，這種衣食無憂的美好日子，恐怕還能夠坦然的過下去吧？不得不佩服，這位員工的確是夠精明的。這一招，一下子省了房租、水電、管理費、網路費、有線電視費等諸多開銷，減輕了不少生活壓力，從經濟上來核算是穩賺不賠的。

辦公室畢竟不是員工宿舍，在這樣的場所吃喝拉撒，自己美在心裡，同事看在眼裡，長此以往，誰還能安心工作？電腦和網路是工作的需求，休息室是為那些偶爾通宵加班的同事預留的，如果一個辦公室裡總是散發著汗水的臭味和飯菜的香味，那還是個工作的場所嗎？你可以這麼做，別人也可以這麼做；而你這麼做了，別人沒有這麼做，他們的心裡難免會不平衡。

親眼看著自己的員工在自己的公司裡上班，是做老闆的重要樂趣之一，至少是促使他當上企業家的部分動機，相當於舊社會裡「四代同堂」的樂趣。「四代」代表人多，但關鍵在於「同堂」。一家公司員工再多，一旦實行「在家辦公」，在「家長」看來，就像是一個分了家的大家族，抄了家的大宅門，妻離子散，天各一方，凄涼得不得了。

媛媛的通訊軟體又改動態了。一週前還是「戀愛中的寶貝」，前幾天是「失戀了」，今天又改成了「我很快會忘掉他的」。

從動態的更換上，公司任何一個同事都能迅速捕捉到她近期的生活狀態，因為大家習慣於掛在網路上談工作。透過通訊軟體的頭貼，還能輕易點開她沒有任何保密措施的日誌，記錄她每一階段的隱祕心情。

媛媛是一個性格開朗的女孩，在她的職場稱呼裡，從來沒有「上司」和「同事」的概念，比她大又不至於太老的男士一律叫「哥」，女士則不分年齡

一律叫「姐」。她總是抱著資料夾，一下子飄到這個哥哥面前，笑靨如花的匯報工作；一下子拐到那個姐姐面前，大談最近的流行趨勢。

上司雖然不情願，但還是默許了做她的哥哥。從此，每次走到她身邊，總能聽到她的嘮叨：「我打電話給爸爸了，讓他近期來幫我看房子，得出手了。」「合租的室友真難相處，一個西瓜都這麼在意。」那陣勢，似乎要把所有的個人瑣事都暴露在同事面前，直到得到別人的安慰與回應，心裡才安穩。

上司本來覺得不過是小女生沒長大而已，可媛媛在工作中的撒嬌和不認真，卻是他最頭疼的。才來沒幾個月，媛媛已經犯過不少大錯小錯，在她事後的扮乖、討可憐的狀態下，也能安然度過。可前幾天的一個重大錯誤，令上司幾乎想炒了她。

那天，上司約好到另外一家公司談一個重大專案。前一天，他千叮嚀萬囑咐媛媛，一定要準備好專案資料，列印成 6 份，談判時要人手一份。

媛媛一口保證：「哥，這點小事，你還不相信我？那是懷疑我的能力！」上司一笑了之，轉身回去忙自己的事了。

第二天，談判如約進行，媛媛準備的資料卻出了大問題 —— 本來 48 頁的資料，到了現場卻只有 18 頁！這麼重要的場合，居然出這麼大的紕漏！談判自然進行得很不順利。

回到辦公室，上司火冒三丈，將資料摔到媛媛面前：「這就是我對妳的信任！」

媛媛一臉委屈：「怎麼會這樣？當時是印完了呀！」

「要是因為這個原因，專案沒有成功，妳給我走人！」上司發了狠話。

「人家也不是故意的！」媛媛爭辯。

「人家，人家，誰跟你是人家，以後請注意稱謂！辦公室不是家庭！」

幾天後，媛媛向朋友抱怨：你說這是我的錯嗎？他們怎麼能這樣？我得趕緊準備找下一家公司，在被公司炒掉之前先炒了公司！

是否可以把辦公室營造成家庭，要看企業是一種什麼樣的文化氛圍。如果領導者著力於營造和諧友好的家庭氛圍，以哥姐稱呼同事也未嘗不可。可如果企業有嚴格的目標與規則，氣氛嚴謹，那麼過於親近的稱呼不僅老闆不喜歡，同事也會反感。畢竟每個人的開放程度是不一樣的，自我防禦性很強的人，天生就不願與人走得很近。

每個老闆都不希望員工把家裡的情緒帶到辦公室，每個家人也都不希望家庭成員把辦公室的牢騷拿回家裡繼續。懂得生活的人，盡量把工作和生活的界限劃分清楚。

別人的終究不是自己的

在競爭激烈的工作環境中，有些人喜歡把別人的功勞占為己有。這樣的人，不去創造業績，而是偷偷的去占有別人的功勞，到最後只能是既損人又不利己。

小馬去年分發到一所高中任教，擔任電腦老師，和他一起的還有一位女老師。他們共同負責一個電腦機房，除了授課，機房的電腦維修，環境清潔都歸他們兩個一起管。

剛開始，他和這位女老師相處得還算融洽，但後來小馬發現這位女老師非常懶，什麼都不想做。他們負責機房有 50 多臺電腦，經常出現故障，每每這個時候都是小馬去修理，那位女老師找理由就溜開了，小馬經常一個人

修到晚上七八點鐘，更讓小馬受不了的是這位女老師很愛搶功，只要校長問起機房的維修，環境清潔等，這位女老師都說是自己一個人做的，完全與小馬沒有一點關係。這位女老師只要有一丁點利益，不管該不該屬於她，她都愛沾手。

小馬性格內向，又因為他是男人，而她是女人，所以，小馬就忍掉了一切。

不是你的功勞，就不要去搶，不管別人知道也好，不知道也好，搶別人的功勞總不是成功的捷徑。世上沒有不透風的牆，一旦你搶別人功勞的事情真相大白時，你將會無臉見人，不僅被搶者會成為你的敵人，而且還會失去他人對你的尊重，可謂是得不償失。只有自己親手創造的功勞才是自己的財富，別人的東西終歸是別人的。要想真金不怕火煉，在職場中獲得真正的認可，就要憑自己的真本事去創造，投機取巧的做法終究會害人害己。因此不要去做奪取他人的功勞又自毀前程的傻事。

做人就要坦坦蕩蕩，身在職場，不是自己的功勞，就不挖空心思去占有。不搶功，不奪功，這樣的人不僅人際關係好，而且會永立於不敗之地。

大衛是一個研究所的副所長，他負責一個課題的研究，由於行政事務繁多，他沒有把全部精力放在課題的研究上。他的助手辛勤努力的把研究成果做了出來，這個課題得到了相關方面的認可，贏得了很大的榮譽。報紙、電視臺的記者都爭相採訪大衛，他都拒絕了，並對記者們說：「這項研究的成功是我助手的功勞，榮譽應該屬於他。」

在座的人聽了，都為他的誠實和美德所感動，在報導助手的同時，還特別把大衛坦蕩的胸懷和言語都寫了出來，使大衛也獲得了很好的評價和榮譽。高明的上司從不占有下屬的功勞，下屬有功，你的功勞自然也展現出來

了。從不占有別人功勞這一點上，可以看出一個人的品格。可見優秀的品格是一個人成功的前提。

我們在工作中不應該總想著怎樣去奪取他人的功勞，而是應該學習別人的長處，提升自己的才能，從而去創造屬於自己的功勞。古人云：「不見己短，愚也，見而護之，愚之愚也；不見人長，惡也，見而掩之，惡之惡也。」意思是說：看不見自己短處的人是一個愚蠢的人，若知道自己的短處而又不改正和正視的人，是一個更加愚蠢的人；看不到別人長處的人是一個可惡的人，看到別人長處而又不去學習，且加以詆毀和掩蓋的人，是一個更加可惡的人。孫子說：「知彼知己，百戰不殆」，就是只有知道了別人和自己的真實情況才能有的放矢、百戰百勝。如果沒有這種意識和精神，那是不可能進步的，沒有進步就意味著停止和倒退，就會被社會淘汰。因此我們要想在工作中獲得真正的競爭優勢，就應該在不斷的完善和充實自己的同時，堅守正確的職業道德。

做一隻職場中的「變色龍」

要想不掉進陷阱，不被他人當槍使，中立態度確實很重要。

在職場中與人互動時，必須練就人與人之間虛虛實實的進退應對技巧。自己該如何出牌，對方會如何應對，這可是比下棋更有趣味的事情。在生活中，被人當槍使的事情很多。在職場生涯中，免不了會遇到被出賣、受敵意、被中傷等種種料想不到的事情，猶如設在你面前的個個陷阱。如果事先預料這些事的發生，並一一克服，便能安步當車了。

辦公室中遇上與己關係不大的問題時，你的態度最好是保持中立。

例如公司中一位主管犯了大錯，公司的高層人員大為震驚，又開會又討論的，而且老闆還可能私下召見你，問你各方面的意見，其他部門主管（受牽連的與不受牽連的）也有可能找你談話。這種種情況，你可能無法都一一迴避，而需要去好好面對。這時，在矛盾中保持中立的「兵法」便派上用場。

老闆一定牢騷甚多，指責某人做事不力，某人又能力欠佳，目的只有一個，就是要看你和哪方面關係良好；但你不要輕易表態，這樣既保護了自己，又沒有傷害別人。

至於其他同事，找你說無非是探口風或想見風使舵，這類人也得罪不得，盡可能模稜兩可，以防被出賣。

平日與你關係密切的某部門，其中幾位同事突然發生內訌，弄得十分不愉快，成為公司上下的話柄，甚至有些人以為你必然對此事了解甚多，紛紛向你打探。

即日起你應避開，盡量減少與該部門的接觸，可能的話，一切聯絡交由祕書小姐去做。既然沒有直接接觸，那麼，你對事件的前因後果自然是不大了解。因此，即使有人訴苦，也等於是「對牛彈琴」了。

一天你因公事與某同事一起出差，對方突然問你：「你跟辦公室小張好像有點不太對勁，你們到底怎麼回事？」而實際上你一直覺得與小張相處融洽，公事上大家都很合作，私人間也是客客氣氣的，何來的「不對勁」呢？

冷靜一點，想想這當中可能發生了什麼問題？有直接的，有間接的，總之不簡單。就算你和小張之間真有什麼問題存在表面上，你也必須表現得落落大方，微笑一下，反問對方：「你看到了什麼？」或者說：「你聽到了什麼？」對方必然是支吾以對，你可以繼續說下去：「我們一直相處得好好的，我從沒察覺到有什麼問題，也沒有發生過什麼不愉快。」這個說法，可收到很好

的效果。

　　若對方是存心挑撥你和小張，或者試圖獲取什麼情報，你的一番話就沒有半點線索可讓他查到，還間接的拆穿了他。對方要是真的要透過某些蛛絲馬跡或是小道消息，探聽一下你和小張的關係，你的表現也就等於告訴他是有點過敏了。

　　不過，很多事情並不如表面那樣簡單，背後可能有不可告人的目的，真正聰明的人都是辦公室裡的「政治家」，他們能繞過陷阱，不會遭人暗算。

　　我們在這裡以公司人際關係為例，來說明保持中立、應對矛盾的重要性。既然自己無力、也沒有責任把一切擺平，那麼，在外界所引起的漩渦中保持自己的平衡，以防被捲倒乃至吞沒，顯然是最明智的選擇。事實上，作為平凡人物的我們，在沿著自己既定人生目標前進的同時，又能夠保護好自己，是最重要的人生任務。而在任何矛盾中都保持中立的策略，則是基本上在何時何地都能屢試不爽的一種人生兵法。

第三章　老闆的心思你最好別猜

讓上司高你一籌

　　上司安排下來的任務，如果你處理得過於圓滿而讓人挑不出一點毛病的話，那就顯示不出上司比你高明。

　　一般來說，偉大的人都喜歡愚鈍的人，記住這一點是不會錯的。任何上司都有獲得威信的需求，不希望下屬超過並取代自己。因此，在人事調動時，如果某個優秀、有實力的人被指派到自己手下，上司就會憂心忡忡，因為他擔心某一天對方會搶了自己的權位。相反，若是派一位平庸無奇的人到自己手下，他便可高枕無憂了。

　　因而，聰明的上班族總會想方設法掩飾自己的實力，以假裝的愚笨來反襯上司的高明，力圖以此獲得上司的青睞與賞識。

　　在更多的時候，上司需要並提拔那些忠誠可靠但表現可能並不是那麼出眾的下屬，因為他認為這更有利於他的事業。有個古老的故事，叫「南轅北轍」，意思是說，目的地在南方，但駕車的方向卻對準了北方，結果跑得越

快，離目標越遠。同樣的道理，如果上司使用了不忠誠的下屬，這位下屬總是與自己硬碰硬，或者「身在曹營心在漢」，那麼這位下屬的能力發揮得越充分，可能對上司的利益損害越大。

只有傻子才願意引狼入室。

也只有傻子才願意搬起石頭砸自己的腳。

小李在宣傳處工作，有一天處長突然叫他整理一個優良員工的先進事蹟。據知情人士透露，這其實是一次考試，它將關係到小李是否還能繼續在這裡工作下去。本來對這樣的資料，他並不感到為難，但有了無形的壓力，便不得不格外用心。他花了一個通宵，寫好後反覆推敲，又抄得工工整整。第二天一上班，就把它送到了處長的桌子上。

處長當然高興，快嘛，字又寫得遒勁、悅目，而且在內容、結構上也沒有什麼可挑剔的。可是，處長越看到最後，笑容越收緊了。末了，他把文稿退回，讓小李再認真修改修改，滿臉的嚴肅，真叫人搞不清什麼地方出了差錯。小李轉身剛要邁步，處長像突然想起了什麼似的說：「對，對，那個副廠長的副字錯寫成付，改過來，改過來就行了。」

這麼簡單！處長又恢復了先前高興的樣子，一個勁的誇道：「做得快，不錯。」考試自然過關，還是優秀哩！

顯然，從這件事中，我們可能得到這樣的啟示：處理上司交辦的事情，一定要盡可能的爭取時間快速完成，而不要過分糾纏於辦事的細節和技巧。因為如果你把事情處理得過於圓滿而讓人挑不出一點毛病的話，那就顯示不出上司比你高明。否則，當上司的就會感到有「功高震主」的危險。

所以，善於處世的人，常常故意在明顯的地方留一點瑕疵，讓人一眼就看見他「連這麼簡單的都搞錯了」。這樣一來，儘管你出人頭地，木秀於林，

別人也不會對你敬而遠之，他一旦發現「原來你也有錯」的時候，反而會縮短與你之間的距離。

就像那位處長，當發現一個錯別字的時候，他不是立即又多雲轉晴了嗎？要知道，只有當他對別人諄諄以教的時候，他的自尊與威信才能很恰當的表現出來，這個時候，他的虛榮心才能得到滿足。

上司交辦一件事，你辦得無可挑剔，似乎顯得比上司還高明，你的上司可能就會感到自身的地位岌岌可危，你的同事們可能會認為你愛表現、逞能。置身於這樣的氛圍，你會覺得輕鬆嗎？

如果換一種做法，對於上司交辦的事，你兩三下就處理完畢，你的上司會首先對你旺盛的精力感到吃驚，效率高嘛。而因為快，你雖然完成了任務但不一定完美，這時上司會指點一二，從而顯示他到底高你一籌。

別把主管當朋友

小王與小張兩人同歲，一起進入同一家公司，小張是小王的上級主管，小張口口聲聲說與小王是好朋友。小王也一直把小張當成自己的好朋友，經常開玩笑，甚至說一些相對隱私的話題。然而，小王卻想不到小張會把他說的牢騷話傳給老闆，害得自己挨老闆一頓臭罵，非常委屈，弄不明白其中的原因，不知與小張如何相處。

小王的問題在於把主管當成朋友，主管並沒有把他當朋友。主管有時為了鼓勵下屬，會說一些客套話，這是一種策略，千萬別當真。

主管是什麼啊？主管是權威，是制度，是有權力給你帶來福利分配的人，是管理約束你日常行為的人。當你和主管成為朋友的時候，會不自覺的

流露出你們的感情和關係，說小一點會影響主管工作的進行，說大一點會影響到主管的威信，讓主管心裡不舒服。儘管你是主管的朋友，甚至達到了私下裡無所不談的地步，但是在公開場合下你始終得維護主管的地位，和別人一樣說著些恭維主管的話。而朋友是什麼啊？朋友是手足，是義氣，是真誠的交往和平等的溝通，是可以與你同患難共甘苦的人。你和主管交朋友，會有這種感覺嗎？所以說，千萬別把主管當朋友。

現代社會的人們，都願意與主管交朋友，這是不爭的事實。因為主管可以幫著解決很多問題，給自己或親屬帶來許多利益。古人早就說過，富在深山有遠親，窮在鬧市無人識，時代發展到今天，這個現象依然存在，且更為明顯。當把主管與朋友這兩個概念放在一起時，你就得掌握準確了。如果你掌握不好，不知道自己到底能吃幾碗米飯，最後的結果是不僅朋友做不成，他還不想領導你了呢。

有個朋友講她今天很不開心，因為覺得她的老闆朋友對不起她。緣由是她老闆是她老公的好朋友，當年這裡還是小公司時她過來幫忙，盡心盡力，身兼數職。現在公司小有規模了。而她由於孩子要讀小學了，家裡沒人照顧，想以後都提前在下午 4 點就下班，方便接孩子。

按她的想法，這個老闆朋友當然要同意，不是嗎？一來她是老臣子，是得力助手。二來她是老闆老友的老婆，難道不應該照顧一下嗎？三來只不過提前兩個小時下班而已，按說應該影響不大。

前天她和老闆提出她的計畫時，老闆有點不置可否，她臉上就有點掛不住啦，當場她給了老闆兩個選擇，一是她辭職，一是同意她的要求。今天老闆告訴她，同意她辭職，因為如果同意她的做法，會對公司其他員工有不好的影響。所以她很不開心，覺得老闆很不夠朋友，傷害了她的心。

就算你再能幹，再了解老闆的心意，也只能是個能幹的員工、貼心的員工。在老闆心目中，你絕不會變成能幹的朋友、貼心的朋友。如果你有股份與他的同等，你也只是和他合作得很好的生意夥伴，一切還是以利益為重的。

工作就是工作，老闆就是老闆。真正的朋友是沒有利益關係的。朋友是心靈的慰藉，與我們的精神世界息息相關；老闆則是衣食來源的掌握者，與我們的物質生存緊密相連。假如有一天，你遇上了這樣一位老闆，他欣賞你理解你，信任你支持你，在工作之餘你們還一起去打球看電影。遇上這樣的老闆，你是不是在暗自慶幸並迫不及待的將他劃入你的「好友」之列？如果是這樣的話，你就等著傷心的那一天吧。聖人說：「君子之交淡如水。」千萬不要讓你的朋友當你的老闆，更不要把老闆當朋友。

所以，如果有一天，一位當老闆的朋友向你發出誠懇的邀請，切記冷卻一下澎湃的熱血，仔細考量一下前景。如果他真處於危難之中，急需你「兩肋插刀」救火一回，短期幫忙當然無法推脫，但此種情況之外則不宜考慮。朋友之間羞於談錢，可作為工作必定是需要薪水的，該拿多少無法衡量。而職位、公司發展等問題，也一定是未來的「地雷」。

聰明的老闆，也是忌諱讓朋友加入自己公司的。一位從事 IT 行業的 CEO 就曾坦言：「如果朋友有困難，我可以毫不猶豫的給他經濟上的幫助，在這方面，我從不算計，但一定不會讓他加入我的公司。」多年的友情，是真心和時間培養出來的，只因為摻雜了工作關係便被破壞，在這位 CEO 看來，太為可惜。

「友情」在職場上只能是弱者尋求依靠和平衡的一種心理期待，也是強者在互利互惠中的一個雙贏法則而已。職場上，和老闆友好相處的祕訣就是：

真心把老闆當成朋友看待，但心裡一定要有一條老闆和員工的界線。

不要跟上司唱反調

學會把上司當作一本經驗豐富的人生教科書來讀。讀懂了上司，你就讀懂了職場的一半。

有些人對上司分配的工作產生牴觸，認為上司分配的工作和自己的本職工作沒有任何關聯，但你應當明白，一個精明的上司是不會無故安排你去做一些分外之事的，也許他是在藉機考察你對工作的態度和應變能力。因此，如果上司不是故意刁難你的話，就應當服從安排。

小王大學畢業後透過應徵進入了一家公司。剛開始上班時，他認為只要把自己的本職工作做好就萬事大吉。但是，後來他發現很多不在他工作範圍內的事情，上司也會安排他去做。例如打掃辦公室，整理辦公桌等，有時候做不好還會遭到批評。他感到非常鬱悶，覺得上司是在故意整他，把他當成苦力來用。漸漸的，他有了不滿的情緒，甚至想要跳槽換個環境。

後來，一位老同事悄悄告訴他：這是公司的規矩，每個上司都會用這種方式考驗下屬的工作耐心和工作熱情。上司給你增加額外的工作，是在考驗你的能力，千萬不要錯過這樣的機會。小王聽了同事的話，很快轉變了態度。此後，有什麼累活重活，他總是很主動的承擔下來，從此得到了上司的讚賞。半年後，他被提拔為辦公室主任助理。

很多時候，上司雖然在能力方面不一定比你強，但在用人等方面肯定比你老練。高明的下屬，是絕對不會對上司評頭論足的，他們會把上司當作一本經驗豐富的人生教科書來讀。讀懂了上司，你就讀懂了職場的一半。

當然，僅僅只有這些是不夠的，你還要學會跟從自己的上司，任何時候都不和上司唱反調，和上司的步調保持一致。舉個例子，如果上司制定了一項措施，並且已經即將執行，那麼即使你發現其中存在著不少漏洞，也要堅決的予以執行。因為上司已經決定的事情是不可更改的，你據理力爭的結果，不僅不會對事情有任何幫助，反而會將自己推向上司的對立面。因此，一定要學會服從自己的上司。學會了服從，上司就會把你當成自己人，並給予你更多的施展空間。

總之，辦公室是一個學問深奧的地方，要想在辦公室八面玲瓏，必須要練好自己的基本功。在與上司的賽局中，你永遠處於弱勢，與上司的任何爭論，都不會為你帶來利益，反而會使自己的利益受到損害。在這場賽局中，作為下屬的你，學會服從是明智的選擇。

不拍馬屁難成大器

德皇威廉二世派人將一艘軍艦的設計圖交給一個造船界的權威，請他評估一下。他在所附的信件上告訴對方，這是他花了許多年，耗費了許多精力才研究出來的成果，希望能仔細鑑定一下。

幾個星期之後，威廉二世接到了權威人士的報告。這份報告附有一疊以數字推論出來的詳細分析，具體文字內容是這麼寫的：

「陛下，非常高興能見到一幅絕妙的軍艦設計圖，能為它做評估是在下莫大的榮幸。可以看得出來這艘軍艦威武壯觀、性能超強，可說是全世界絕無僅有的海上雄獅。它的超高速度前所未有。武器配備可說是舉世無敵，配有世上射程最遠的大炮，最高的桅杆。至於艦內的各種設施，將使全艦的官兵

如同住進豪華旅館。這艘舉世無雙的超級軍艦只有一個缺點，那就是如果一下水，馬上就會像隻鉛鑄的鴨子般沉入水底。」

威廉二世看到了這個報告，不禁瞭然於心的笑了。

像這個故事裡的造船界權威，就很懂得拍馬屁與說真話之間的平衡。如果他下個結論：陛下不懂造船。只怕不久後說不定就會有「君要臣死臣不得不死」的事情發生。如果他一味的奉承德皇，不敢說真話，那就是謊報軍情了。這船真要造起來，責任恐怕需要他來承擔。所以他只能拍著馬屁告訴德皇事實的真相。

上司和老闆們有時是要犯錯誤的，而且這錯誤也需要下屬來指出。但同時，上司和老闆們又需要維護一定的尊嚴，不可隨便被人評說。身為下屬，就要學會這種夾縫中生存的方法，正話也能說，反話也能說，勇於指出老闆錯誤，勇於吹捧老闆。

當然了，拍老闆馬屁可以不是一件諂媚的事。抱持豁達的心態，把拍馬屁當作一件藝術創造的事情來做，那這事做起來也不會太難為情。而且，這樣的拍馬屁方式才易為人接受，且獲得良好效果。像故事裡的造船界權威，先連用好幾個最字，誇獎了這艘不可製造的軍艦諸多好處，盡顯文辭之能後，再使個比喻句，把這船的不可饒恕的缺陷說出來。這種開玩笑式的評論是不打擊任何人的自尊心及情緒的。而說出重要事實的部分，必是有所創意的。

拍馬屁，可以逗得上司和老闆開心，贏得他們對自己的關注，這對自己是很有好處的。用專業一點的話來說：拍馬屁是一種完成工作任務以外的創造精神產值的行為。老闆天天想著賺錢大事，很需要有個善於調笑的下屬來陪他說話解解悶的。武俠小說家金庸所著《鹿鼎記》，主角便是個馬屁大王，

雖然身無長技，但一副天下無雙的拍馬屁技術，拍得康熙皇帝開心，結果平步青雲，官封大將軍，爵登鹿鼎公，實是混世之人皆效仿的榜樣。

另外需要一提的是，每個人都在追求優越感、勝利感，並願意為這種追求付出一定的代價。老闆喜歡聽到有人吹捧他，喜歡看到有人在他面前充當「弄臣」角色逗他開心，也會準備給表演得好的人以某種形式的獎勵。當你把他逗得開懷大笑了，他心中自然就有反應：這人給了我歡樂，我總得謝他一謝。

當然了，最重要的還是要研究真本事，做好本職工作。拍馬屁之術，聊供閒來研究。因為老闆們成功之前，多經歷過一番艱難，心裡明白得很：什麼樣的人才是真正的人才。他們是不會起用一個只會溜鬚拍馬而沒真本事的人的。

給主管留個臺階下

「劉一青。」在公司舉行的新員工入職儀式上，老闆大聲的唸著新員工的名字。

全場一片寂靜，沒人應答。

「劉一青。」老闆提高了嗓門，眼角的餘光匆匆掃過人群。

仍然沒有應答。

老闆感覺自己的腦門隱隱沁出汗滴：「劉一青來了沒有？」

一個員工向四周打量了一下，確認沒有人應答，才怯生生的說：「我叫劉依菁，不叫劉一青。」

人群中潛伏著若有若無的笑聲，如同盛夏午休時蚊子拍動翅膀的聲音。

老闆的臉上飛起一朵紅雲，不知道此時是該抬頭還是低頭。

如果你就是入職團隊中的一個，你會怎麼做？

1. 跟著眾人的笑聲一起微笑。當眾取笑老闆的機會並不多，得好好把握。畢竟，混在人群中，老闆也不知道誰在取笑他。當然，不要露出自己的八顆牙就行了，免得讓自己被牢牢的刻在老闆的黑名單中。

2. 默不作聲。取笑老闆是職場大忌，只能在私底下一個人享受。換言之，只可獨樂樂，不可眾樂樂。

3. 詢問一下自己：我是不是能做點什麼，好幫老闆解圍？

這樣選擇的結果：

「對不起，經理。」一個幹練的年輕人站了起來，「今天我列印新員工名單的時候，不小心把字打錯了。」

「粗心了嘛！」老闆的眼睛亮了起來，「我早就說過，任何事情都要深思熟慮、謹小慎微，容不得半點馬虎。不過，也算是為我們的入職儀式增添了一個小插曲，對不對？」說完，老闆泰然自若的繼續唸下去了。

這位仁兄真稱得上是個「救火高手」，相信他以後一定能夠「好風憑藉力，送我上青雲」。

從個人感情上講，每個上司都喜歡有一個在自己工作上「拾遺補缺」的下屬。如果你能夠與上司結為知己，在適當的時候，為上司填補一些工作上的漏洞，維護上司的威信，對自己的事業及前程當然大有裨益。唐朝紅極一時的來俊臣在《羅織經》中寫道：「上無不智，臣無至賢。功歸上，罪歸己。戒惕弗棄，智勇弗顯。雖至親亦忍絕，縱為惡亦不讓。誠如是也，非徒上寵，而又寵無衰矣。」翻譯成白話文就是：上司沒有不聰明的，下屬絕無最有德行的。功勞讓給上司，罪過留給自己。戒備警惕之心不要丟失，智慧

勇力不要顯露。雖然是最親近的人也要忍心斷絕，縱然是做邪惡的事也不躲避。如果真的做到這樣，不但上司會寵愛有加，而且寵信不會衰減。

有人甚至開玩笑說，處理與老闆的關係時，不要把他看作是智商太高的人，而要把他當小孩看——處處讓著他，在尊敬中表現關心，親切中保持距離，這樣的尺度對你肯定是有利的。

牢記以下幾點，你就會準確掌握與老闆的相處之道：

1. 主管理虧時，不妨給他留個臺階下。常言道：得讓人處且讓人，退一步海闊天空。對主管更是如此。不要凡事非要與主管爭個孰是孰非，主管並不總是正確的，但主管又希望自己總是正確的——事實上，在刀光劍影的職場中，有一首廣為流傳的「錯字經」：如果老闆說錯，那一定是你聽錯；如果老闆做錯，那一定是你看錯；總之老闆一定不會錯，記住這一點永遠沒錯。

2. 主管有錯時，千萬不要當眾糾正。如果主管的錯誤不明顯，幾乎沒有人意識到，你應該「裝聾作啞」、「得過且過」。如果主管的錯誤明顯，臺下已經議論紛紛，你有兩條路可以選擇：第一是尋找一種能讓主管意識到而不讓其他人發現的方式糾正，一個眼神、一個手勢甚至一聲咳嗽往往都是解決問題的最佳暗示；第二是主動站出來，把責任攬在自己肩膀上，想必主管會看在眼裡，記在心上。

3. 一方面，你應該學會在關鍵時刻替主管爭回面子，贏得尊嚴，取悅主管；另一方面，你應該學會藏匿鋒芒，不讓主管感到咄咄逼人的壓力，以免刺激主管那固執的自尊。

懂得了這些道理，你就會自覺的維護主管的尊嚴，為自己的升遷埋下萌發的種子。

《聖經‧撒母耳記上》裡記載，大衛在前線立了大功，與掃羅一起班師回朝，歡呼的人群高喊「掃羅殺敵千千，大衛殺敵萬萬」，掃羅聽了後，非常不高興，感到大衛已經威脅到了自己的王位，決定派人追殺大衛。

彷彿是在無意之間，大衛就得罪了掃羅，禍從天降，亡命天涯。

所以，當你感慨自己職場失意的時候，想一想，自己是不是無意間成了「大衛」，成了「掃羅」的眼中釘。

故事講到這裡就基本結束了，而你在職場的故事才剛剛開始。你準備好了嗎？

如果職場就是戰場的話，你是否已經全副武裝了？你的手中是否已經握緊了得心應手的兵器？

預留指導空間給上司

人力資源專員曉薇入職五年，能幹又努力，工作認真做事漂亮，人緣極佳，但奇怪的是儘管工作出色，可仍舊原地踏步，難上青雲，倒是那些不如她的同事卻接二連三的升了職。

沒錯，她曉薇是能幹，但上司就是不喜歡她。為什麼？在小節上從不顧及上司感受，比如：每次開會老闆都指定曉薇擔任會議紀錄，曉薇整理出來後，從來不會讓直屬主管王江過目就直接交給老闆，因為老闆誇她有妙筆生花的文案整理工夫；她幫其他的部門做事，從不事先請示王江是否還有更重要的工作分配她做，就自行接下，也不管這事會不會留下什麼隱患，所以她是得到了好口碑，王江倒顯得有些小氣。部門要買個投影機，王江讓她詢價比較，然後準備購買一臺，曉薇拿到供應商資料後多方比較，自作主張就訂

了貨，還對王江說出一大串理由，好像她做事是多麼的圓滿。

在看到又一個同事加薪升遷後，曉薇嘆道：「唉，上司真是瞎了眼了。」

其實上司一點也不瞎，人家心裡可亮著呢。顯規則告訴我們升遷加薪需要自己努力工作靠真實才幹獲得，潛規則卻說做事要多請示上司，功勞要想著分給上司一半，莫要埋沒主管的支持和指導。

不管你承認不承認，那些表現出色，從不出事，也不需要老闆來指點的人，並不一定能得到重用和認可，甚至不讓上司喜歡，因為面對你的完美，上司無法發揮他的指導，無法顯示他的才幹，而你也就不會和進步或改正什麼的詞掛鉤，這時候，完美就是你的缺點；倒是那些大錯不犯小錯不斷又喜歡和上司接近的人，卻容易獲得更多的機會，因為他們為老闆預留了發揮的空間，讓上司很有成就感，即使日後升了職也會被驕傲的冠名為「我培養出來的」。有時候，滿足一下上司的虛榮心也算劍走偏鋒的一招。

頂頭上司對我們的晉升有著至關重要的作用，如果能與他建立良好的關係，我們的晉升就容易得多，否則的話，即使你有一身的本領，也毫無用武之地。因此，如果你有晉升的願望，就要和頂頭上司打好關係。上司也是人，他們也希望能和下屬建立一種友好的關係，每一個上司都不會故意為難自己的下屬，只要你在和上司來往的時候，掌握一定的技巧，多注意些，達到目的就不會很難。對上司忠心，每個上司都希望下屬對他忠誠，講義氣，重感情，不在別人面前說他的壞話，在困難的時候仍然跟隨著他，而不是背叛他。肆意攻擊、背叛上司，吃虧的是自己，說不定後面有一連串意想不到的報復將會接踵而至。所以，如果你是個天生的「反對派」，一定要設法加以改變，多請上司批評指教。

在與上司的來往中，謙遜是很重要的。要主動找上司談話，請他對自己

的工作多做指教，這可以增強自己工作方面的能力；有不對的地方要虛心的接受他的批評，這樣他會覺得你是一個求上進的人，並且認為孺子可教。有的人在上司批評他時，會一臉的不高興，認為上司在故意找自己的麻煩，這是不對的。上司對自己提意見表示他還在意你的表現，要是無論你怎麼樣他都不管了的話，那才是真正的壞事。

在上司的眼中，級別是個好東西，誰都想拿來玩兩把、咬兩口。有人把它當作皇冠，戴在頭上，睡覺也捨不得摘掉；有人把它當作黃金，揣在懷裡，恨不得一個人獨吞；有人把它當作神像，供奉於高堂，祈求福星高照；有人把它當作仙丹，深藏於肺腑，夢想長生不老。

級別是權力的象徵，是身分的象徵。級別的故鄉在公司，什麼級別穿什麼衣服，什麼級別坐什麼椅子，什麼級別用什麼電腦，什麼級別打什麼官腔，都是有章法、有規矩、有考究的。不該你坐的椅子千萬別坐，坐了你就是「沒找準自己的位置」；不該你穿的衣服千萬別穿，穿了你就是「不把主管放在眼裡」。這樣一來，你的上級、下級、平級都會對你避而遠之，將你孤立起來，不僅影響你級別的「升級」，而且影響你人脈的「擴張」。

說白了，替上司預留指導空間，一方面是以自己的示弱，來凸顯他的強大、有能力，讓主管臉上有光；另一方面，是表達自己的識時務，作為下屬的安分守己，讓主管感到自己始終是在一個更高的級別上，他的地位沒有絲毫的受到威脅。

老闆娘是更大的老闆

職場中的一條定律是，老闆對你的生活有著極大的影響，而老闆的老婆

則無一例外對老闆的生活產生極大的影響。所以，如果你有和老闆娘相處的機會，相處得是否愉快，將對你的職場產生重大的影響。

小麗畢業後，找了一份祕書的工作，老闆是和藹可親的人，50 歲左右，因為工作的緣故和老闆接觸的機會很多。她祕書、網管、供銷和會計一起做，和同事們的關係也很融洽，在這裡工作了一年多，雖說薪水不高，但對於一出校門就能找到一份相當合適的工作，對她來說還是相當滿意的。沒想到的是，這樣的感覺卻在一夜之間消失殆盡了，取而代之的是羞辱、憤怒和無盡的彷徨。

一天晚上，和往常一樣，她吃了飯，洗了澡躺在床上看電視，突然有人敲門，站在門外的竟然是老闆的老婆──老闆娘！更讓小麗吃驚的是，她的第一句話是：「我來問妳一件事情，我聽說妳跟老闆……」「不要狡辯了，妳說了也無所謂。」「人家說白天都看見老闆到妳這裡來！」「我還看見你們發的簡訊了！什麼還有一個小時到。先到了嗎？你們經常發訊息的。」

小麗面對著連番的指控澈底傻了。她委屈的辯解：「那個是 4 月 25 日晚上的事情，是一批外銷的貨要發，貨車是我聯絡的，人家那天晚上來載貨，老闆發簡訊過來問我什麼時候到，我告訴他還有一個小時到，過了差不多一個小時他又發過來問，怎麼還沒到，把電話號碼發過來。我和老闆一直都只有業務上的事情接觸，下班後，話都沒怎麼說，我也不知道你們為什麼要這樣做，如果這樣我只有離職！這裡薪資不高、讓我做的事情又多，我為什麼還要在這裡？因為我以為妳和老闆對我挺好的，你們對員工也很好，我一直把你們當長輩來喜歡、來尊重！」

老闆娘固執一詞：「人家說妳是為了老闆的錢去勾引他的，小麗，我跟妳說，我們家沒錢，都貸款幾百萬了，還有兩個小孩……妳當我兒媳婦還差不

多！」小麗氣極：「我家什麼都不缺，錢也夠用。再說了，老闆比我爸爸年紀還大，打死我也不會做那種事情！」

經過這一件事，小麗雖然喜歡這份工作，但是也只能無奈的辭職了。在職場，漂亮的女性常常遭遇到莫須有的懷疑，來自老闆娘的壓力往往會成為職場的阻力。

天生相貌形態美是令人羨慕的，每個人都有權利秀出自己的美麗，但是請美女們一定要萬分注意自己的殺傷力，這樣才能做到既有美麗又有智慧。在企業裡，老闆娘有兩份「產業」，一份是企業資產，一份是她的丈夫，務必要讓她放心自己的兩份產業不會遭受損失；「殺傷力」是有防止場所的，比如菜刀在廚房放著很正常，如果突然跑到銀行櫃檯上，那就會捅妻子了，所以務必不要有意無意的威脅到他人的「財產權」。

另外，很多私人企業的老闆娘都分管著財務，或者市場客戶一類的核心業務，她們的精力都在企業裡，很多事物都必須和她們打交道，和她們的相處就更加重要了。

在職場與老闆娘相處有一個最大的原則：老闆娘是更大的老闆。首先你要端正定位，要把老闆娘當作老闆，而不是老闆的「老婆」，不能把她當作一個旁觀者、指手畫腳者、無事生非者。無論實際情況如何，你心目中要這樣定位她是你的老闆；她不但是一個雇主、發薪水的人或者威脅解僱他人和降低薪水的人，更是一個有經驗的人、可以給你指導的人、你要請示溝通的人、你要經常記掛和尊重的人，經過一定的歲月，或許是一個可以讓你依靠的人。

如果你的老闆娘通情達理，平常只做她分內的事情，跟你就像是一個普通的同事一樣，只是言談話語較少，那麼請你內心始終掂量著：她還是老闆

之一。因為老闆的產業與她是息息相關的，她是老闆最大的「利益攸關者」。在一些事務上，雖然她經常會說：「這件事我不懂，你們處理就好了。」但是請你不要忽略她對這份產業內心的擔憂、牽掛。請你多少要和她溝通，多少要讓她理解你的所作所言。

上司的隱私見不得光

佳佳在電信部門工作多年，由於她活潑開朗的性格，再加上她對工作的認真負責，贏得了老闆與同事們的喜歡。佳佳也為自己有這麼好的工作環境而自豪，但是，某天發生的一件事，讓她與主管、同事的關係緊張了起來。

那天，恰好是週末，佳佳一個人去購物中心逛街。購物中心裡的商品琳琅滿目，讓她眼睛有些應接不暇。佳佳拎著自己購買的商品準備到下一層樓再去轉轉。剛走到電梯口，發現眼前晃過一對人影，佳佳認為是自己眼睛花了，再仔細一看，這對人影不是別人，正好是自己的頂頭上司和自己的漂亮女同事。他們手牽手一副很甜蜜的樣子，完全沒有看到佳佳。佳佳被眼前的一切震驚了，竟然忘記了自己要去的地方。誰知道上司與同事站在電梯口稍作討論，居然向佳佳走了過來。就在他們快接近佳佳時，佳佳突然清醒過來，面對這種事情自己應該先躲為妙。就在佳佳想低著頭，側身躲開他們，誰知道卻與上司撞了個滿懷。

三人頗尷尬的不知所措，最後佳佳什麼也沒有說，低頭跑開了⋯⋯

從那以後，佳佳在公司裡如坐針氈⋯⋯

一個人的隱私是最不願意被人看到的，上司的隱私更是如此。不管你是有意還是無意，一旦當著上司的面知道了他的隱私，尷尬之後你們的關係也

將產生改變。儘管以後你們誰也不想表現出來，但實際上已經發生了根本的變化。你們之間曾有的和諧就會被打破，並很大程度上朝著不利的方向發展。沒有哪個上司希冀窺見自己隱私的下屬老在眼前晃來晃去的，所以他即使有所顧忌不解僱你，也會找機會將你踢得遠遠的。

有的員工認為，知道了上司的隱私，等於抓住了上司的「小辮子」，上司會把他當作心腹，或者偏袒他。殊不知，知道了不該知道的事，自然對上司構成了一種威脅，反而會成為老闆手中的把柄。當上司感受到這種威脅的壓力時，他必然會被除之而後快。

小米經過一輪又一輪的考試，終於如願以償的進了一家電腦公司。她謙虛好學，手腳勤快，又會看眼色，很快就贏得了主管的好感，主管對她格外關照，經常對她的工作進行指導。小米為了表示感激，經常主動跑腿幫主管辦一些無關緊要的瑣事。由於兩人住在同一個方向，下班後主管常讓小米搭便車，漸漸的，兩人的關係就超出了普通的上司與下屬的關係。即使在公司裡，小米在主管面前也沒有一點拘束感。

有一次加班，完工後上司讓小米跟同事們先走，他還有一些工作要處理。小米在公司附近的速食店吃過晚飯，忽然想起主管還沒有吃晚飯，就買了一份晚餐送去給主管。主管的房門虛掩著，她沒敲門就闖了進去，結果看見主管的懷裡坐著自己的女同事。兩人先是一陣慌亂，然後又裝出一副若無其事的樣子。小米的臉倒是紅了，她把晚餐一放，趕緊溜了出去。

小米不明白，女同事跟自己一起離開公司的，怎麼又回來了？

後來小米發現這些問題對自己都無關緊要，緊要的是她在面對主管和女同事時的尷尬。儘管他們都裝出什麼事都沒發生的樣子，可是小米發現，女同事刻意躲著她，主管也對她客客氣氣的，下班後也不邀請她搭便車了。

小米思來想去，為了表明自己的態度，她向主管發了一封電子郵件：

「我是一個開明的人，也是一個寬容的人，我不會做傻事的。」

此後，小米跟主管的關係還是沒有什麼改善。有一天，公司裡忽然傳出主管跟那個女同事關係曖昧的消息，小米感覺到主管對她的態度明顯惡化了。其實，小米並沒有透露這件事，是主管跟女同事幽會時被別的部門的人發現並傳播的。但主管卻認為是小米所為。小米剛開始還想找主管解釋，但是想到事情會越描越黑，就只好任憑事態發展了。

不久，公司在一個偏遠的地區成立辦事處，小米被調到了那個誰也不願去的地方。剛開始，小米不想去，她到公司人力資源部質問，得到的答覆是：「年輕人需要到基層接受鍛鍊；公司認為妳是一個開明和寬容的人，不會對這次調動持有不同意見。」小米沒想到自己向主管表明態度的措辭，竟成了公司「發配」她的理由。

在工作中，有時候不可避免的要了解一些主管的隱私。由於主管的私生活一般與工作無關，因此，對於主管的隱私，看到了的要當作沒看見，聽到了的等於沒聽見；只有這樣，主管才能真正放心讓你協助他的工作。而你實在不幸窺見了主管不願意讓下屬看到的隱私，那麼趁他趕走你之前主動離開吧。

老闆的錯誤也是正確的

在職場中如何與自己的上司處理好關係，幾乎是所有員工頭痛的事，因為很多員工不能很好的掌握住老闆的心理，於是，有些事成為了好心辦壞事，使得員工與老闆的關係處於劍拔弩張的狀態。為什麼會這樣呢？這不是

員工的錯，也不是老闆的錯。之所以發生這麼大的矛盾，關鍵是兩人相處的角度不同。老闆考慮的是明天公司怎麼發展，員工考慮的是今天該怎麼做。一個考慮宏遠的明天，一個考慮的是細小的今天，自然難免產生矛盾。

於是，針對這種情況有人總結出了這麼一句話：「第一，上司永遠是對的。第二，如果上司不對，請參照第一條。」也就是說，無論在任何條件下老闆是對的，即使老闆不對，首先還是要承認老闆的觀點的正確性。人無完人，老闆也可能有錯的地方，但是一定要透過心平氣和的方式與老闆溝通。不要弄到老闆很沒有面子，這樣員工距離被炒的日子也就不遠了。

李小姐是一名初涉職場的大學畢業生，對於職場的很多規矩和潛在的法則並不十分了解。

這天，李小姐的上司徐經理因與客戶談判失敗，大為怒火，會後將客戶大罵一通，覺得還不夠解氣，並讓李小姐發一份郵件把這個客戶再痛罵一頓。然而過了不久，徐經理火氣消了人也清醒了，便叫李小姐趕緊再發一封郵件向客戶道歉。

李小姐當即向經理表示，自己壓根沒有將那封郵件發出去。她心以為經理會表揚自己，誰知道卻遭到了經理的批評。

李小姐委屈的說：「我知道您一定會後悔，所以幫您壓下了。我知道什麼該發，什麼不該發。」

經理沒有做任何表示，但很快，李小姐就感到經理對自己的態度越來越惡劣，於是只好辭職了。

上司是公司的核心人物，他自己的言行及決策對公司有很大的影響。上司的決策往往是經過深思熟慮的，因此當他的決策下達之後，不管你是否同意他的觀點和想法，你最起碼應當尊重他的決定。不懂得尊重你的上司，吃

虧的是你自己。

在職場中，上司和下屬的關係是不能用簡單的對錯來區分的。況且，即使上司真的在處理某些問題的時候出現了差錯或失誤，也不應該當面指出或是公開予以反駁。

在職員與上司的二人賽局中，上司的權力比職員大，在任何情況下都占有優勢，職員永遠處於劣勢；所以在這場賽局中，職員與上司發生衝突，其結果是上司永遠是獲益者。作為職員，應該明白，下屬的職責不是替上司去判斷對錯，而是根據上司的指令去完成工作。在上司的眼裡，服從永遠是最重要的。你所能做的就是當上司的命令下達時，準確而認真的完成上司交給你的任務。

在現代職場中，僅僅憑著自己掌握的技能和勤勞的工作就想在職場遊刃有餘、出人頭地，未免有些過分樂觀。一個人的能力和勤奮固然很重要，但是對於一個優秀的員工來說，僅僅做到這兩點是遠遠不夠的。很多員工很有能力，工作也很努力，但卻始終得不到主管的賞識，原因就在於沒有對上司「三從」，也就是：主管的命令要服從；主管的教誨要聽從；主管的步伐要跟從。要記住，你和上司永遠差一步。身在職場，「三從」是一個優秀職員必須要練就的基本功之一，也是職場賽局中應該注意的。

辦公室的員工是一個團體。作為主管，他在這個團體中的時間比你長，也已經建立了他的管理原則和行動的方向，從而帶領這個團體實現高效運轉。你可能因為暫時的不適應而導致對上司的工作方式和方法產生懷疑，但即使如此，你也應當積極配合上司完成工作。如果每個人都不聽從上司的話，都按照自己的想法去行事，那麼用不了多長時間，公司就會垮掉。

當然，僅僅只有這些是不夠的，你還要學會跟從自己的上司，任何時候

都不和上司唱反調，和上司的步調保持一致。舉個例子，如果上司制定了一項措施，並且已經決定執行，那麼即使你發現其中存在著不少漏洞，也要堅決的執行，因為上司已經決定的事情是不可能更改的，你據理力爭的結果，不僅僅不會對事情有任何幫助，反而會將自己推向上司的對立面。因此，一定要學會服從自己的上司。學會了服從，上司就會給予你更多的施展空間，或許有機會幫助上司修補漏洞或改進工作。

　　總之，職場是一個學問深奧的地方，要想在職場八面玲瓏，必須要練好自己的基本功。在與上司的賽局中，你永遠處於弱勢，與上司的任何爭論，都不會為你帶來利益，反而會使自己的利益受到打擊。在這場賽局中，作為下屬的你，學會服從才是明智的選擇。

聽話要聽老闆話裡背後的話

　　老闆想炒你，通常都有一些前兆，如果你能先知先覺，事先探知這些常發生的類似信號，讀懂主管臉色的「天氣預報」，就能未雨綢繆的尋找應對之策，避免被炒魷魚的命運。

　　以下這些常見的信號，當它發生在你身上時，可能表示你要小心被老闆列入黑名單了：

分派你的工作越來越少

　　屬於你職責範圍內的工作也交給別人去處理，一些原本該你出席的會議突然通知你不必去參加了，也沒有說明什麼理由。

　　比如，你是宣傳企劃部的主管，可老闆最近在決定一些重大的活動企畫時，卻不找你商量，自行做了決定，或者頻頻的去找別的主管討論。他之所

以不來找你的原因，大部分都是在他心目中的組織表內，你已被除名了。因為反正你很快就會不見了，找你也沒有用，不如直接找你下面的人或者將來會取代你的人。

與平日相比大為不同

老闆對你的態度有較大變化，可能變得特別愛挑剔、特別冷淡，對你批評的口氣也越來越嚴厲，看你的眼神也冷冷的；或根本不挑剔，對你採取一種放任自流的態度。

比如，作為一名主管，過去老闆在你的部門安插人手，通常都會找你商量，或者尊重你的一些意見，但現在他基本上不再考慮你的意見了，這通常也是一種警告信號。

直接召集你的手下人馬開會而不讓你出席

一開始他這麼做時，還會先通知你一聲，不要你出席。他也會找一些理由，如讓下面的人不再拘束，可以提出一些寶貴的、有意義的建議。開了一兩次會後，他就會習慣性的如此，也不再找理由或跟你做什麼說明。

老闆如此做的原因不外乎下列三種：第一，讓下面的人直接受他的指揮與控制，於是你便被架空。第二，利用開會和指揮你手下人馬的機會，削弱你的影響力。第三，從開會的過程中挖掘一些你的隱私，以便炒你時可以找到更多理由。

人事主管來找你溝通近期工作考核情況

儘管你覺得自己工作很努力，但人事主管卻暗示你工作不夠盡責，其實

這都是老闆的有意安排，其中透露出對你不滿的一些信號，對此，你千萬不能掉以輕心，因為過不了多久，可能主管就會把你列入黑名單。

莫名其妙的安排你出差或出國

老闆突然讓你出差或者出國去散心，可能並非一番好意。一般來說，這種安排都有脈絡可循，列入預算，而非老闆的一時興起，臨時指派。這不但不合理，也有些不合情，說不定隱藏著開除你的動機，你能不小心嗎？

為什麼要突然安排你出差或者出國呢？就是為了在你不在的時候，他處理你的業務、人員阻力會比較小，也沒有什麼顧慮。

要求你把工作情況詳細建檔

如果說你的老闆突然變得非常熱心，要你建立工作檔案，詳細記錄你的工作情況，並隨時要求你進行口頭或者書面匯報，甚至還會問你，如果你不在的話，部門的工作流程是怎樣的？此時，他是在想，如果請你走人後，工作是不是會受影響，怎麼把這種影響和損失降到最低程度。當然，他不會明說，而是會偽裝自己，把他要請你走人的想法埋起來，然後找一個堂而皇之的理由，比如，為了完善公司的制度化建設，完善工作流程等，大家要拿出一點主人翁精神，把自己知道的都毫無保留的提供出來。等到老闆看到做得差不多了，於是一聲令下，就可以請你捲鋪蓋走人了。

頻頻招募新人做你的副手

老闆頻頻招募一些新人來做你的副手，當然，他會向你解釋，多替你找幾個幫手，萬一你生病了或者出現什麼意外情況的話，工作就不會受影響等等。明著是體諒你，為你著想，實際上老闆哪會這麼仁慈，他考慮的永遠是

自己的利益，而你不過是他手中的一個卒子而已。

　　如果上述的幾種前兆只出現一二，情況倒還並不嚴重，也許你的候補人選還沒有找到，也許你的老闆對你尚存一絲溫情，事情還有挽回的餘地，但是如果這些前兆持續不斷的出現，或者成群結隊的出現，就需要你採取一些力所能及的挽救措施，極力爭取「一個重新評估的機會」，改變或軟化老闆對你的看法，或者爭取時間著手尋找新的工作機會。

第三章　老闆的心思你最好別猜

第四章　害人之心不可有，防人之心不可無

尊重同事們的利益

人都是趨利的，當你侵犯了別人的利益時，你就傷到了別人的根本，必然會遭到別人的反感和報復。

不少人都有一種苦惱：與同事、下屬的關係很僵。與同事見面，大家都對你冷冰冰的，工作上也不斷抵制你；下屬跟你也碰撞摩擦的，向他們交代任務時，他們很不情願的應付著。有些人遇到這種情況，見別人對他不友好，馬上就火冒三丈，從檯面下鬥到檯面上，結果讓自己的處境越來越艱難。其實碰到這種情況，要從自己身上找原因，看看自己有沒有侵犯別人的利益。

某主管對錢看得非常重，只要有利益，不管大小，他都要一個人獨吞。例如，帶下屬出去工作的車費、餐費他每次都是獨吞；每個月公司給部門的獎勵，在沒發下來之前，他都是呼攏下屬說到時候一起去吃飯或者遊玩，等獎金一下來，整個組的獎金都到他腰包裡去了；經理安排他去辦點事，他每

第四章 害人之心不可有，防人之心不可無

次都要從中撈點油水。久而久之，他的吝嗇和貪財也聲名遠播了。接下來這位主管也吃了不少苦頭，下屬們一個個跳到別的公司去了。他常常抱怨下屬們個個腦有反骨，經常對他們大發雷霆。

人往往就是這樣，見別人對他不友好，卻從不往自己身上找原因，而把問題全推到別人身上。這位主管就是犯了這種錯誤，為得金錢而不惜侵犯別人的利益；什麼東西都想獨吞，卻每次都吞得很難受。要知道人都是趨利的，當你侵犯了別人的利益時，你就傷到了別人的根本，必然會遭到別人的反感和報復。而唯有尊重別人的利益，給別人屬於自己的利益，甚至超越對方的預期，別人才會青睞你、擁護你，這種合作模式才能長久。

有七個人曾經住在一起，每天分一桶粥。但要命的是，粥每天都不夠吃。一開始，他們抽籤決定誰來分粥，每天輪一個。於是乎每週下來，每人只有一天是飽的，那便是自己分粥的那一天。後來他們也發現了這樣做的缺陷，於是開始推選出一個道德高尚的人出來分粥。結果導致強權產生腐敗，大家開始挖空心思去討好他、賄賂他，搞得整個小團體烏煙瘴氣。這樣下去也不是辦法。於是大家又開始組成三人的分粥委員會及四人的評選委員會，又導致互相攻擊，等粥分下來時全是涼的了。

最後他們想出了一個方法：輪流分粥，但分粥的人要等其他人都挑完後拿剩下的最後一碗。為了不讓自己吃到最少的，分粥的人都盡量分得平均，就算不平，也只能認了。就這樣，大家快快樂樂，和和氣氣，日子越過越好。

人們常認為人與人之間的利益相爭不是你贏，就是我輸，所以大家往往只顧著自己的利益，不惜損害別人的利益。在職場中，一個部門裡可以看到許多這樣的現象：同事之間關係很淡，在一種虛假應付中維持著彼此間的關

係；見別人加薪或者薪水比自己高，於是內心非常不舒服，工作中便開始排擠和抵制他；為了爭一個職位，大家會鬥得頭破血流，關係惡化；如果看到有些同事在工作中遇到了麻煩或者犯了大錯，不但不出手相助，還會落井下石。這種沒有合作的緊張工作關係，到最後傷害的是所有的人。

同事錢財最好別借

小沈是剛剛入職的新員工，而小孟被公司指派為小沈的「職業導師」。

這是公司剛剛引進的新型管理模式，目的是實現新舊員工之間的一對一輔導，為知識管理搭建最堅實、最直接的橋梁。

小孟不負公司的期望，誨人不倦；小沈敏而好學，迅速進入了自己的角色。兩人教學相長、配合默契，多次贏得部門經理的誇獎。

接觸多了，兩個人的關係也越來越好，成為名副其實的好搭檔。

無論工作或者生活上遇到什麼問題，兩個人都傾盡所能、在所不辭。

最近，小孟的表弟來 A 市找工作。如同任何一位剛剛走出校門的大學生一樣，他的全部資產除了身上的背包之外，就只有口袋裡少得可憐的生活費了。

小孟好不容易躲過房屋仲介的誘惑，為表弟找了一間價格低廉的租房；不過，房東卻堅持要他先付三個月的訂金 —— 7,200 元。

不湊巧的是，就在小孟搭公車前往銀行的路上，小偷先下手為強，把他錢包裡的現金洗劫一空，剩下的提款卡、證件不知道被拋到哪一個垃圾桶或下水道裡了。

補辦身分證需要時間、補辦提款卡需要時間 —— 看來自己的錢要被「凍

第四章　害人之心不可有，防人之心不可無

結」在銀行裡了。

　　得知小孟的遭遇後，小沈提出自己可以先把錢借給他 —— 反正放在銀行裡也得不到多少利息。

　　「畢竟，小孟是自己的師傅嘛！」小沈心裡是這樣想的。

　　事實上，無論在工作中還是生活中，他都稱小孟為「師傅」，儘管其中夾雜著玩笑的成分。

　　何況，剛剛進入一個新公司，還沒有打好根基，能讓自己的人際網路更牢固一些就多出一份力吧。

　　對於小沈的慷慨解囊，小孟深表謝意：「我表弟馬上要到一家軟體公司做網頁設計，薪資是 30,000 元出頭，月底發了薪水後一定會馬上還你 —— 或者退一步說，即使這個月有點吃緊，下個月肯定會還你的！」

　　「不用急。」小沈安慰他，「人剛到這裡，用錢的地方不少。等日子寬裕了再還也不遲。」

　　沒想到一個月過去了，小孟表弟那裡一點動靜也沒有。

　　小孟只好打電話詢問：「我說表弟啊，你薪水是不是已經發了？」

　　「剛發。」

　　「那，」小孟緩了緩，「上次借給你的錢是不是要考慮一下了？」

　　「我說表哥，我在這裡就你這麼一個親戚，你怎麼逼得這麼緊！」

　　「是這樣的，」小孟解釋說，「錢是我向一個同事借的 —— 如果是我的，別說是借，就是給你用我也不會說什麼啊。」

　　「是這樣。但是，我可不是不想還，實在是沒錢還了。」

　　「沒錢？不是發了 30,000 多嗎？」

「30,000 多沒錯。不過，我買了電視、洗衣機和冰箱。現在數數，剩下的可能連零頭都不夠了。」

「你 ── 」小孟不知道該說什麼好。

「這也不能怪我啊，你說我工作這麼忙，沒有這些家當，工作也不好做啊，是吧？」

「你還挺有道理。」小孟氣鼓鼓的說。

表弟聽出了諷刺的聲音：「下個月，下個月我一定還。」

「一定？」

「我保證！」

可惜，小孟忽略了一件事 ── 保證，尤其是男人的保證，是最靠不住的。

第二個月月底，小孟還沒有打電話，表弟已經主動把電話打過來了：「是表哥嗎？實在對不起，我又成月光一族了。」

「什麼月光一族？」小孟對這些新鮮詞彙一向摸不著頭腦。

「月光、月光，就是月底的時候錢花光光啊。」

「我真是服了你了。」小孟提高了聲音，「你都做什麼了啊？我看你住的地方也不缺什麼了吧。」

「沒什麼，」表弟拖著鼻音回答，「就買了一臺筆記型電腦而已。」

「筆記型電腦？我現在才用桌上型電腦呢。」

「我也是為了工作需要嘛。」表弟申辯，「公司安排的任務太多，經常要拿到家裡做 ── 沒辦法，沒有筆記型電腦還真沒轍。」

還沒等小孟說什麼，表弟繼續說：「再給我一個月時間，我就是不吃飯也

把錢還你。」

如果有人第一次承諾沒有兌現，你千萬不要期望他的第二次承諾會有多少分量。

第三個月月底，表弟的理由更「充分」了：三個月的租期已到，他希望換個更好的環境，於是，找了一個一房一廳的房子──租金是 7,500 元，預交兩個月的租金。

小孟都不知道自己該如何向小沈交代了。

前兩次，他都把實情告訴了小沈；但是，這一次，他真的不知道小沈聽到後會有什麼反應。

「噢，」小沈的語氣透露出不滿，「沒想到你的表弟挺有個性的。」

小孟聽出了其中的諷刺之意，可是，他現在該怎麼做呢？

如果換成是你，你會怎麼做？

1. 再等一個月看看情形再說。既然已經等了兩個月了，再多等一個月也無妨。

2. 在下個月嚴厲督促表弟，防止他肆意揮霍。

3. 自己先替表弟把錢還給小沈，然後等機會再向表弟要錢。

這樣選擇的結果：

小孟選擇了第三種方案，畢竟他覺得自己才是整個事件的中間人。何況，他不想因為錢的事而傷害自己和小沈的同事感情。至於自己和表弟的糾紛，還牽涉到親情甚至兩個家庭之間的關係，相對複雜許多，不妨緩一些再酌情處理。

儘管暫時帳單上虧了七千多元，但是，小孟也算「交了學費」──同事

之間最好不要發生與錢有關的糾葛。

朋友和同事相處，少不了牽扯經濟上的事。在錢的問題上，「親兄弟也要明算帳」，千萬不能稀裡糊塗的，除非你們的友誼不想存在。

不過，同事下班後一塊去吃飯，今天你請客，明天我買單，後天他結帳，大家扯平，什麼事也沒有。如果有人連續幾次聲稱「沒帶錢」，別人肯定會對他另有想法，即使再聚會也不會請他參加了。

至於借錢方面，建議是最好不要向朋友借錢。實在要借，要事先評估一下倘若不能如期歸還甚至根本無力償還，你的朋友是否能接受得了。這無論對生活中的朋友還是工作中的夥伴都適用。

當然，朋友和同事中誰有個緊急事一時手頭緊，作為朋友和同事幫一幫也是情理當中的事。問題是，用錢的一方，要盡快還錢給朋友，時間不能拖得太久。

無論雙方的夥伴關係僅僅存在於商務交往中，還是延伸到私人生活中。以下提出的建議，是試圖將借貸的潛在風險降低到最小，而將它的益處凸現出來，這樣你就可以放心的和你認為了解、信任的人保持金錢上的往來：

1. 盡量避免向朋友借錢。每個人都有自己的用錢計畫，一般情況下，有錢多花沒錢少用，盡量不要借錢。一欠人情，二惹別人不高興。遇到特殊情況，要有借快還，並向對方表示感謝。

2. 把錢的問題寫在紙上。如果你和朋友之間要協商關於錢的問題，無論是一方向另一方借貸，還是共同出資經營某個專案，都務必把你們協商的內容落實成書面的條款。哪怕是一份簡單的協議書也能避免糾纏不清和傷感情的事發生。如果是貸款，雙方一定要就還款的時間、利息達成一致。

3. 你是否把金錢和愛情、友誼混為一談？儘管你的朋友很有錢（不管是他自己賺來的還是繼承父輩的遺產），但這並不意味著他有義務資助你做生意，幫你應急，或者投資你的專案。

4. 借錢千萬不要忘記。借朋友的錢，不管多少一定要牢記在心。不能因為錢少而疏忽，認為幾塊錢的事不值一提，很快忘記。這樣，如果你真有急事，別人恐怕也不敢借給你了。

5. 還錢要有計畫。如果你因家人生病、買房子、結婚等大事向朋友借了數目較大的錢，你必須制定一個還錢計畫，逐步還清。你不能不理不睬，「蝨子多了不咬人」，不當一回事。

　　讀到這裡，你可能會說，辦公室豈不是個是非之地？沒錯，關鍵在於你怎麼看，你是戴著有色眼鏡看它，還是摘下有色眼鏡看它？

辦公室戀情談不得

　　小金走進辦公室的時候，就發現同事的眼光和平時不一樣。

　　有些女同事還掩著嘴，偷偷的笑，甚至在他轉過身去的時候指指點點。

　　他放下公事包後第一件事就是跑到洗手間，對著鏡子仔仔細細的審視了一遍，沒有發現自己臉上有任何汙漬，也沒有發現自己的髮型有任何凌亂——究竟是什麼地方出了差錯呢？

　　與小金一樣，小秦的感覺也是如此：難道自己忘了補妝或者唇彩塗得太豔了？

　　小金和小秦偷偷的對望一眼，希望從對方的眼神中得到些許暗示，但是，他們卻感受到同樣的困惑和不解。

難道是……

兩人談戀愛已經三個月了——當然是祕密進行的。他們不希望兩個人的私生活成為公司的話題，也不希望兩個人的事情鬧得滿城風雨。

一開始戀愛的時候，他們就約定向公司所有同事保密，不透露隻字半語。

難道他們的謎底被人揭穿了？

午餐時間到了，小金拍拍小馬的肩膀：「走，看看今天員工餐廳的菜怎麼樣？」

「不了，」小馬搖了搖頭，「你先去吧，我等一下過去。」

「不會吧？」小金不解，一直以來，小馬中午都是和自己一起去吃午飯的，「今天要加班？」

「算是吧。」小馬含糊了一句。

「算是？」小金掃了一眼，發現小馬的電腦都已經關機了，不可能還要忙什麼工作。

不過，他也不好意思多問，只好一個人去了。

下班後，小金照例和小劉、小馬、小曹走出公司大樓，向右轉直奔公車站。

不過，他發現另外三個人卻要拔腿向左轉。

「你們要去哪裡？」

「我要去購物中心買件衣服。」小劉回答，「所以，今天不能同路了。」

「我約了同學打球，」小曹笑笑，「得搭到體育館的車。」

說完，兩個人揮揮手轉彎了。

第四章　害人之心不可有，防人之心不可無

小馬也跟著要走，被小金一把拉住。

「你怎麼也要換路線？」

「我……」小馬一時沒詞應付。

「走，一起搭車。看，馬上就進站了。」

「其實……」

「其實什麼？」小金警覺的問，「你怎麼今天怪怪的？到底怎麼了？」

「其實，大家都知道了，你就別瞞著了。」小馬低聲說。

「知道什麼了？」小金一驚。

公車已經從面前呼嘯而過了。

「到這時候還裝聾作啞，可真不夠意思。」

「什麼叫裝聾作啞，」小金反駁，「是你在跟我打啞謎。」

「哎，既然誰都知道了，我也就打開天窗說亮話吧。」小馬說，「其實，今天一早，公司裡所有人都知道你和小秦的事情了。」

「我和小秦？我們……」小金試圖反駁。

「不要告訴我，你和小秦僅僅是同事而已。」小馬打斷他，「趕快坐另外一輛車找她去吧。你每天這樣坐車多繞一個圈不覺得麻煩啊？」

小金臉色紅了一下，「我也是……」

「我明白，」小馬點點頭，「我明白你是不想太招搖。不過，既然大家都知道了，你最好想想以後該怎麼辦吧。」

坐上前往和小秦約會的公車後，小金一直在考慮小馬的話。

如果換成是你，你會怎麼做？

1. 先澄清「謠言」。第二天在辦公室當眾澄清，以免影響工作，也影響自己

的生活。為了讓眾人相信，故意做出一副要和小秦水火不容的樣子來。

2. 先我行我素。不管其他人怎麼說，依舊像以前一樣。不過，以後約會的時候更要小心一點，免得為公司增添更多的話題。

3. 先揪出元凶。查出到底是誰先把自己的祕密洩露出去，對其口誅筆伐一通。

4. 先向上司申請調到另外一個部門或者將小秦調到另外一個部門也可以。如果實在行不通，只好考慮其中一位加盟另外一家公司了。

客觀上來說，辦公室中的日常接觸可以讓我們更深入的了解一個人。這是因為，當我們把雙方角色定位在男女朋友的時候，我們就會更加刻意的修飾自己；而在辦公室中，我們往往會展露出自己真實的一面。何況，工作中的順境和逆境，更能完整的展現每一個人的每個方面。如果僅僅從這個角度來說，辦公室的確是考慮愛情的最佳實驗臺。

不過，在開始一場辦公室戀情之前，我們最好牢記一點：羞答答的玫瑰靜悄悄的開。

首先，我們必須了解公司對於辦公室戀情的立場和態度是什麼。有的公司比較開明，並沒有明確的規章制度，有的公司比較保守，傾向於阻止或者不提倡。

事實上，戀愛中的同事不僅僅是兩個人的事情，因為這會牽扯到老闆、同事、顧客、薪水等等因素，我們在遵循通行的戀愛守則之時，還要遵循更多的規範，而且必須採取更加謹慎的態度。

一般而言，公司並不禁止辦公室內部的男女約會，但前提是不影響工作，否則會使你的老闆和同事以另一種眼光看待你，甚至會對你的事業帶來災難性的破壞。

第四章　害人之心不可有，防人之心不可無

　　處事高明的員工假如在工作中發現了意氣相投的夥伴，他們會讓自己與意中人的關係盡量不引人注目，他們會竭力隱瞞兩人親密無間的事實，直到這種關係得到鞏固。

　　不過，如果我們真的認為對方就是自己一生中的另一半，我們也沒有必要揮劍斬情絲。最常見的方法包括：

1. 在戀愛真正萌芽前，不要急著昭示天下，也不要急於和自己的同事討論。當自己拿不準情況的時候，就老老實實按照公司制定的相關規則行事，不妨參考一下員工手冊，總之是越謹慎越好。

2. 最好把自己的戀情保持在隱蔽狀態。這樣一來，你的生活和工作就會成為兩條平行線，不會交叉在一起。

3. 如果戀情不慎公開或者自己主動公開，要表現出自然和泰然。當你表現得一如既往的時候，其他人就越容易接受你們的轉變。

4. 如果你希望掩飾彼此的戀愛，不要刻意的傷害對方掩耳盜鈴，以免讓對方留下難以磨滅的後遺症。

5. 所有的愛情故事都應該在工作之外。在辦公室眉目傳情不僅會讓自己的同事滋生反感，而且會讓你的老闆認為你缺乏應有的專業精神。

6. 不要讓戀情影響你的工作。如果你的老闆認為你的感情不會對你的工作和業績產生太大的影響，相信他不會對你的感情生活干涉太多。

7. 應該學會未雨綢繆，一旦愛情冷卻且不能再和昔日戀人共事，你才能夠全身而退。

不要和同事走得太近

　　每天和你在一起時間最長的人是誰？不是你的親人，也不是你的朋友，是你的同事。他和你在辦公室面對面、肩並肩，同勞動、同吃喝、同娛樂。辦公室裡的距離如何把握，並不是那麼簡單的事。

　　同事關係好，本是好事。大家來自五湖四海，為了一個共同的目標走到一起來了，心往一處想、勁往一處使，團結互助當然是好的，但是切記同事之間拒絕親密。同事就是同事，不是朋友，交朋友，除了志趣相投外，忠誠的品格是最重要的，一旦你選擇了我，我選擇了你，彼此信任、忠實於友誼是雙方的責任。同事就不同了，一般來說，如果不是自己創的業，也不想砸自己的飯碗，那麼，你是不可能選擇同事的，除非你在人事部門工作。所以，你不能對同事有過高的期望值，否則容易惹麻煩，容易被誤解。適當的距離能讓你跟他看起來最美。

　　美國一位精神分析醫師曾對同事間的交往打過一個精彩的比喻：兩隻刺蝟在寒冷的季節互相接近以便獲得溫暖，可是過於接近彼此會刺痛對方，離得太遠又無法達到取暖的目的，因此它們總是保持著若即若離的距離，既不會刺痛對方，又可以相互取暖。這種刺蝟式交往，形象化的說明了同事之間應該保持著若即若離的距離，不要過於親密。

　　同事之間過於親密，不但會像刺蝟那樣刺痛對方，還容易互相掌握對方的「隱私」，影響各自在公司裡的發展。

　　小磊和阿濤雖然家境不同（小磊家境富裕，阿濤家境貧寒），兩個人卻成為知己。他們是大學同學，在學校裡時只是一般朋友，進了同一家公司後，又住在同一間公寓，才漸漸成為知己。

第四章　害人之心不可有，防人之心不可無

因為讀大學，家裡為阿濤借了許多債，他就悄悄找了一份兼職，幫一家小公司管理財務。小磊發現他下班後也忙得不可開交，一問，阿濤就把自己做兼職的事情告訴了小磊。

公司每年都會選派一名優秀員工到一家著名的商學院培訓。根據選派條件，條件最好的小磊和阿濤都被列進了候選人名單。小磊對阿濤說：「要是我倆都能去該多好啊。」阿濤說：「但願如此。」

結果小磊脫穎而出，成為公司那年唯一選派的培訓員工。阿濤很失落，他非常想獲得這次培訓的機會，於是找老闆，請求也參加這次培訓。

老闆看了阿濤一下，冷笑著說：「你太忙了，就免了吧。」

阿濤急忙說：「我手頭上的專案，我會盡快完成的。」

老闆沉下臉來說：「那家小公司怎麼辦，誰來管理財務？」

阿濤立即愣住了，他一時搞不明白老闆怎麼知道他兼職的事。他本能的辯解說：「我兼職是有原因的，這並沒有影響我在公司的工作……」

老闆打斷阿濤的話說：「好了，你忙你的去吧，我還有事。」接著朝阿濤擺擺手。阿濤只好心情低落的離開。

「你太忙了」──阿濤沒想到這句話會成為阻止他培訓的理由。可老闆怎麼知道他兼職的事情呢？這件事那家小公司是絕對保密的，他也只告訴過小磊一個人。阿濤越想越心酸，他沒想到知己會出賣自己！

同事之間應該「君子之交淡如水」，泛泛而交而不是真情投入，做一般朋友而不是知己。當他情緒低落的時候，你給予安慰；當他生病的時候，你端上一杯熱水，並真誠的問候；當他有困難的時候，你要力所能及的給予幫助，但不可把你的心扉完全向同事敞開，將自己的隱私向對方傾訴。這樣，你就不會被對方刺痛了。

職場中，人與人的關係彷彿永遠難以思索。很多人在工作能力上無人企及，可人際關係卻是他們的「軟肋」。如果你也是他們中的一員，那就一定要好好領會「半糖主義」的精神。所謂「半糖主義」代表的是一種健康、綠色、環保的工作態度。在工作中太過保全自己，讓人難以接近；而太過親近同事，又會令對方覺得私密空間被侵犯，無法喘息。唯有與同事相處時，懂得恰到好處的加上半顆糖，甜而不膩，親密又不失距離，這才是職場的中庸之道。

有的員工喜歡結交朋友，或者具有吸引力，身邊總是團結著幾個同事。如果在公司裡表現得過於親密，就會被老闆察覺，並引起老闆的敵視。

這樣做，一是有拉幫結派的嫌疑。在老闆眼裡，員工應該彼此保持獨立，這樣他最容易管理。如果你身邊密切團結著幾個同事，這是老闆最忌諱的。即使你沒有拉幫結派的意思，老闆也認為你在拉幫結派，有跟他對抗的企圖。一旦老闆對你有了這種看法，就會壓制你，甚至將你打入冷宮，削弱你的影響力。

二是有集體離開公司的嫌疑。幾個同事一起跳槽，或者合夥開公司，讓原來部門工作頓時陷入半停頓狀態，是老闆最不希望發生的。你與身邊的同事過於親密，敏感的老闆就會猜疑你們是不是要一起跳槽，或者合夥開公司。雖然你們根本不曾談論過這些問題，但多疑的老闆一旦相信自己的判斷，就會防患於未然，提前採取措施。

老闆最常用的方法是把你調離，重新換一個部門，或者調到分公司去，甚至為了公司大局穩定，不惜忍痛割愛，炒你的魷魚。

同事之間，最好保持一定的距離。即使再好，也不要太近。而還有一些同事，是你最好不要走近的。哪些人你千萬不能過深的交往呢？

1. 搬弄是非的「饒舌者」不可深交。一般來說，愛道人是非者，必為是非

人。這種人喜歡整天挖空心思探尋他人的隱私，抱怨這個同事不好、那個上司有外遇等。長舌之人可能會挑撥你和同事間的交情，當你和同事真的發生不愉快時，他卻隔岸觀火、看熱鬧，甚至拍手稱快。也可能慫恿你和上司爭吵。他讓你去說上司的壞話，然而他卻添油加醋的把這些話傳到上司的耳朵裡，如果上司沒有明察，屆時你在公司的日子就難過了。

2. 唯恐天下不亂者不宜深交。有些人過分活躍，愛傳播小道消息，製造緊張氣氛。「公司要裁員」、「某某人得到上司的賞識」、「這個月獎金要發多少」、「公司的債務龐大」等，弄得人心惶惶。如果有這種人對你說這些話，切記不可相信。當然也不要當頭潑他冷水，只需敷衍：「噢。是真的嗎？」

3. 順手牽羊、愛占小便宜者不宜深交。有的人喜歡貪小便宜，以為「順手牽羊不算偷」，就隨手拿走公司的財物，比如釘書機、紙張、各類文具等小東西，雖然值不了幾個錢，但上司絕不會姑息養奸。這種占小便宜還包括利用公司上班的時間、資源做私事或兼差，總認為公司給的薪水太少，不利用公司的資源撈些外快，心裡就不舒服。這種占小便宜的人看起來問題不嚴重，但公司一旦有較嚴重的事件發生，上司就可能懷疑到這種人頭上。

4. 被上司列入黑名單者不宜深交。只要你仔細觀察，就能發現上司將哪些人視為眼中釘，如果與「不得志」者走得太近，可能會受到牽連，或許你會認為這太趨炎附勢。但有什麼辦法，難道你不擔心自己會受牽連而影響到晉升嗎？不過，你縱然不與之深交，也用不著落井下石。

提防來自密友的暗箭

一位剛畢業的大學生，進入一家電腦公司做職員。他剛進這家公司的時候，對什麼事情都不太了解，大家都很忙，也沒有什麼人有空來幫助他。

就在他不知如何是好的時候，有位行政職員非常熱心的照顧他，兩人成了好朋友。日子一久，他發現這位職員的牢騷越來越多，一開始，他只是傾聽對方的牢騷。後來，工作一忙碌，壓力過大，他難免有時有一些情緒的問題，於是也開始對公司和主管批評了起來。他心想，反正對方也批評公司，所以就很放心的不時吐吐苦水。

有一天，人事主管將他找去，問起他對公司的批評。他嚇了一跳，只好死不承認。後來，他離開了這家公司，臨走前，一位資深員工偷偷的指著那個行政職員對他說：「你不知道他和你所學的專業相同嗎？」

從某種意義上說，這個職員是幸運的。他雖然被排擠出了這家公司，但最終他了解到了事實的真相，從中得到很大的啟發。日後在處理人際關係上定會小心謹慎多了，這對他一生都是有著很大的意義的。還有許多人，被人暗箭傷了還蒙在鼓裡呢。

施放暗箭是一種經濟的打擊對手的方式。只要有利益衝突，只要有矛盾存在，就有可能有人使出暗箭這種手段來。大凡稍上了年紀的人，經歷過一些事情，都會感嘆一句：人心難測！

暗箭無處不在！明槍易躲，暗箭難防。面對暗箭，應當如何處理？

譬如說，在某次你不在場的會議上，有人將做錯事的責任推到你身上，後來你從老闆、上司或其他同事口中得知此事，你該怎麼辦？

首先確定的一點是：絕對不能忍！「退一步海闊天空」的人從來都是被

第四章　害人之心不可有，防人之心不可無

欺負的。如果你不甘心做一個被欺負者的角色，那你就該盡力抗爭。把事情的真相告訴老闆、上司，擺明態度和澄清聲響，這樣，別人才看得出你的應變能力、處事態度和真正才幹。對待惡言中傷你的人，則應該與他當面質詢。只有讓他知道你對他存有戒心，對他存在威懾，對他存在報復的可能，才能讓他在以後的日子裡對你不敢造次。否則，A 中傷了你，你不敢聲張，B 看見你軟弱也湊上來欺負你，C 看見有機可乘也來湊個熱鬧，你就永無寧日了。

施放暗箭的人都是小人。小人有一個共通的特點，那就是為了掩飾他內心的醜陋、為了使他的小人作為不被察覺，在待人上通常會表現得很熱情，讓你感覺他就像一個親密的朋友，希望你對他不存戒心，在被出賣的時候還一個勁的想：「某某人和我那麼好，他絕不會出賣我的。」而事實上，最可能出賣你的人就是那個首先被你排除的人！

別人不會無故害你，如果他要陷害你，那一定是與你有著利益上的衝突 —— 透過排擠你可以打擊你的形象，鞏固他自身的地位，或者把責任推到你頭上，藉此獲得短期或長期的利益。

在一部古典名著裡有一個關於「暗箭」的經典實例：有個官員在洗澡的時候發現澡盆裡有幾塊石頭，他很生氣，想把司管浴盆工作的人抓起來打一頓，轉念一想又放棄了，問管家如果司管浴盆的人不在了，誰將最有好處。管家回答了另一個人的姓名。官員把這個人叫來，問石頭是不是他放的，這人見官員那麼精明，只好承認了。

所有暗箭的根源，都來自於利益。人由單純的學校步入社會之後，多多少少會因為一些利益問題，變得不再那麼單純，但是，絕對要保持清醒，千萬不要受到暗箭的影響，讓剩下的純真善良被攪和得混沌不明。

辦公室交友要有選擇

良友益友可以為你帶來很多幫助，一無是處的朋友卻會為你帶來許多麻煩，甚至引你走上邪路。

辦公室某些人根本就不值得你花時間在他們身上，你付出得再多，他們也不會真心把你當朋友，更談不上為你分憂解難，只會誤你大事。

我們每天都要面對各式各樣的人，哪些人是不值得你去結交的呢？

1. 不守信用，經常食言，常常讓你感到很憤怒。

2. 經常說謊，而且沒有一絲愧疚感。

3. 大嘴巴到處亂說，哪怕你千叮嚀萬囑咐不能告訴其他人，他還是一次又一次讓你對他的信任喪失殆盡。

4. 缺少口德，說話不乾不淨，甚至有辱人格。

5. 對你毫無顧忌，從來不尊重你的意見和看法，總是在眾人面前讓你很沒面子。

6. 吹毛求疵，經常挑剔你這不好那不好，並非是真心糾正你的過錯，而是雞蛋裡挑骨頭。

7. 欺騙你並且嚴重背叛你，哪怕只有一次。

8. 跟你鬥個沒完，爭友誼，爭工作，爭名利。

9. 高高在上，傲慢自大，總有一種優越感。

10. 只要是你有的，他都想據為己有。

11. 總是情緒不佳，對生活喪失熱情，對什麼都進行負面的評論，弄得你也情緒低落。

12. 缺乏獨立精神，什麼事都依靠別人，一有麻煩就來找你。

13. 喜歡介入你的生活，並且總是干涉你，總想控制你。

14. 見利忘義，為了一己私利，什麼都可以拋棄。

15. 自私，無賴，缺乏責任感。

16. 愛借財物，但總是忘記歸還或是藉口拖延。

17. 「記過忘恩式」，十分記仇，對他人的恩情又覺得理所應當。

18. 「出賣感情式」。

19. 「有奶便是娘式」，只在有事的時候想起你，沒有利用價值就把你忘得一乾二淨。

20. 遇事就躲，當你有什麼麻煩的時候，他會裝作不知道，或者是躲得遠遠的。

以上只列舉了一些比較常見的不值得結交的朋友類型，當然，並不是說這樣的朋友就一點往來的價值都沒有了，而是要有選擇、有限度的交往，最重要的一點就是，要在他們無法傷害到你、不會給你帶來麻煩的情況下。

你可以根據你每位朋友的性格、特點，以及與你交往的程度等，深入了解他們的個性、特點及愛好，最後劃分出朋友的類別，比如說，生死之交的朋友、可以談心的朋友、可一起共大事的朋友、酒肉朋友、保持距離的朋友和點頭之交的朋友等等。透過劃分，你就做到了心中有數，哪些朋友可以付出真心，哪些朋友最好避而遠之。

這樣的劃分能讓你做到「心中有數」，能讓你更加從容的穿梭於各個朋友之間，對於不同的朋友採取不同的方式和原則。面對複雜的人性，這是一種冷靜、客觀的處理方式。

「近朱者赤，近墨者黑」，在人與人的交往中，萬萬不可被對方華麗的外表及冠冕堂皇的言辭所迷惑，而忽略了他內在的操行。比如，你與一個沒有內涵只會誇大其詞的人做朋友久了，自己多少也會受其感染。對於巧言善辯的人，他們生來就伶牙俐齒，說起話來滔滔不絕，沒有他不知道的事，沒有他不懂得的道理。可實際上呢，這種人除了一張好嘴，別的什麼本事也沒有。聰明的人，千萬不能與這樣的人成為朋友。

而以下幾種人，則是值得我們結交的：第一種，才智過人的朋友；第二種，健康快樂的朋友；第三種，情感單純的朋友；第四種，趣味相投的朋友；第五種，直言不諱的朋友；第六種，淡泊名利的朋友；第七種，願意傾聽的朋友；第八種，心靈細膩的朋友；第九種，心地寬厚的朋友；第十種，人品強大的朋友。

朋友有好壞之分，良友益友可以為你帶來很多幫助，一無是處的朋友卻會為你帶來許多麻煩，甚至引你走上邪路。要想交到好的朋友，關鍵是我們要做個有心人，而對於那些不值得結交的朋友，則一定要避而遠之。

招人嫉妒也是一種罪過

認為自己會以天賦、才華令眾人傾倒是一種普遍而天真的錯誤。

我們不會嫉妒太遙遠的人、與自己差異太大的人或不同行的人。兩個朋友，一個人成功，另一個人未成功時，便會發生強烈的嫉妒。明星嫉妒其他的明星，記者嫉妒其他的記者，作家嫉妒其他的作家，足球隊員嫉妒其他的足球隊員，女人嫉妒女人，男人嫉妒男人。嫉妒常發生於我們發覺原本與自己在同一層次的人，現在卻凌駕我們之上的時候。當我們無法超越他，也無

第四章　害人之心不可有，防人之心不可無

法與他競爭的時候，嫉妒便產生了。不過有好幾種策略可以處理暗藏的、具有破壞性的嫉妒情緒。

首先，接受一定會有人在某方面勝過你的事實，同時接受你會嫉妒他們的事實，與此同時，要讓這種感受成為推動你有一天與他們並駕齊驅，或勝過他們的力量。讓嫉妒向內發展，它會毒害靈魂；把嫉妒趕到外面，它就會推動你不斷向上爬。

第二，了解在你獲得成功時，便會有人嫉妒你，他們或許不會表現出來，但嫉妒是難免的，不要天真的接受他們展現給你看的外表，只要細心一點，你就能讀出他們的弦外之意，他們小小的嘲諷，背後中傷的象徵，言不由衷的過度讚美，痛恨的眼神……嫉妒的大半問題，來自於我們沒有察覺，知道時為時已晚。

你要有心理準備，在人們嫉妒你的時候，他們一定會暗中搞鬼，在你前進的路上，設下你未曾預見，或是無法追查來源的路障，對於這一類攻擊，你很難防衛。如果等到了解別人對你的感受根本上就是嫉妒時，往往已經太遲——你的致歉、你虛偽的謙卑以及防禦行為只會加重問題。如果從一開始就能避免引起嫉妒，比起嫉妒已經存在後再將它拔除容易得多，所以你應該想好策略，防患於未然。通常都是你自己的行動惹起嫉妒，在你不留神的時候。

對於天生才華洋溢的人，消除嫉妒往往是個難題，因為天賦、才華與魅力激起的嫉妒是最糟糕的一種。優越的才智、好看的外表與魅力，並不是人人都可以靠努力獲得的。天生完美的人必須盡最大努力掩飾他們的聰明才智，或者展現一兩項短處，在嫉妒生根之前予以化解。認為自己會以天賦、才華令眾人傾倒是普遍而天真的錯誤，其實別人痛恨你。

如果你故意表現自己多才多藝，以為這樣可以讓別人印象深刻而贏得朋友，那就大錯特錯了，事實上這些行為會為你製造出沉默的敵人。這只會令別人覺得不如你，於是他們會盡一切努力在你失足，或是犯下最輕微的過錯時毀滅你。在這種時候，建議稍犯過失，強力展現一項弱點、一個不重要的疏忽，或無傷大雅的錯誤，丟給那些嫉妒你的人一根骨頭，引開他們伸向你的毒手。

留心某些嫉妒的偽裝，例如過度的讚美幾乎就可以是肯定的徵兆：讚美你的人嫉妒你，他們或許是故意要讓你出醜 —— 你不可能達到他們的讚美，或者他們會在你背後磨尖利刃。同時，那些對你過分挑剔的人、公開中傷你的人可能也是在嫉妒你。看穿他們的行為是否是偽裝的嫉妒，你就可以躲開互相丟泥巴的陷阱，不再對他們的批評耿耿於懷。不理會他們微不足道的存在，就是最好的報復。

朋友與敵人僅一線之遙

公司裡人人都知道，小梁和小祝是哥兒們。

他們兩個人大學是校友，畢業後又一起來公司，不僅上班在同一處室，而且還住同一宿舍，因為工作娛樂休息都在一起，就有個大姐開玩笑：「你倆以後交女朋友，乾脆就找一對孿生姐妹吧。」

半個月前，公司裡有小道消息，孫經理準備提拔一位懂金融的年輕助手。而公司裡只有小梁和小祝學的是國際金融，如果消息屬實，那個助手不是小梁就是小祝。

但是，他們兩個人對這個並沒有太大的興趣，只是私下議論過，最後的

第四章　害人之心不可有，防人之心不可無

結果是：無論誰上，以後都要互相幫助 —— 像以前一樣。

週一上午，處長暗地向小梁透露實情。

「孫經理徵詢過我的意見，問你和小祝誰最合適當助手。」處長悄悄對小梁說。

小梁頓時睜大了眼睛，心裡撲通不止。

「我覺得你做事比小祝踏實，就在經理面前為你說了不少好話。」處長繼續壓低了聲音，「說實話，所有人選中，你是最有希望的。以後到了孫經理面前可別忘了給我美言幾句。」

「一定！一定！」小梁眉開眼笑，「還要處長您多栽培。」

「栽培不敢說，」處長貼近他的耳朵，「最近要好好表現，現在是最關鍵的階段了。」

回去後小梁想了很久，最終決定不把這件事情告訴小祝。

不過，小祝不知道從哪裡聽到了風聲。

「聽說處長找過你，是不是？」熄燈的時候，他猛然問了一句，「還跟你提了經理助手的事？」

小梁矢口否認：「我跟你誰跟誰啊！要是有，還不第一個告訴你。」

小祝也不好再多問，迷迷糊糊間睡著了。

接下來的日子，小梁和小祝還像往常一樣，白天一起上下班，晚上一起在宿舍看電視。

週五小梁到外地出差，下午返回的路上，接到孫經理的電話。

「小梁，什麼時候回來啊？」孫經理在電話那頭關切的問。

「大概 7 點左右吧，有什麼事情您吩咐，孫經理？」小梁抓住機會

獻股勤。

「沒什麼事，就是今天是週末嘛，一起吃頓飯聊聊，看看你有沒有空？」

「有空，有空，我當然有空。」小梁連連點頭。

「那好吧，你回來後直接到餐廳，吃烤肉，我請客。」

「不，不，怎麼能讓您破費。」

「什麼破費不破費，就這麼說定了，一定要來啊。不多說了，我有電話要打進來了，我們到時候餐廳見。」

趕到餐廳樓下正好 5 點 50 分。

小梁猛然想起，早晨出門前和小祝約好晚上一起喝酒的。要是等一下和經理正談得舒暢，他打來電話該怎麼解釋？

如果換成是你，你會怎麼做？

1.　先實話實說。不過，解釋說只是和孫經理吃飯，沒有其他別的意思。

2.　先打電話給小祝，推遲喝酒的時間。這下就兩不耽誤了。

3.　先編一個謊言騙騙小祝吧。畢竟，關係到自己前途的事情，還是讓別人知道得越少越好 —— 尤其是自己的競爭對手。

小梁是怎麼做的呢？

「小祝，我現在還沒上車，班車改時間了，真急死人。當然我就是說什麼也要趕回來，但肯定會很晚，喝酒的約就只好改天了，實在不好意思。我的手機快沒電了，我們回來再聊。」

要說小祝真是好哥兒們：「老弟，你千萬別急，實在趕不回來就索性待一天，畢竟安全第一嘛。再說了，晚上回來也沒別的事。我自己去逛逛算了，喝酒我們有的是時間呢。」

放鬆了一口氣，小梁慶幸沒讓小祝生疑心。

誰知剛上二樓，剛好撞上小祝從洗手間裡出來。

兩個人相互對望了一眼，沒喝酒都已經臉紅了。

正好孫經理也上樓，看見他倆呆站在那裡，他滿臉笑容：「喲，都很準時啊。難怪人家說你倆是哥兒們，一起來了。」

這個世界上，很難說有永久的朋友和永久的敵人。

好同事並不等於好朋友，好朋友也不等於永遠的朋友 —— 不要對他們的期望和要求太高，否則失望和沉痛也就越大。

當原來的「互利」變成「互害」，在利益上有了衝突，則原來的朋友可以變成敵人。

當原來的「敵對」變成「共榮」，在利益上可以結合，則原先的敵人可以成為朋友。

在處理同事與朋友之間的關係時，不妨參考以下幾點建議：

1. 你在批評任何人之前，都應該想想，是他這個「人」與你對立，還是因為他今天的職位和立場，使他不得不與你對立。進一步想，如果有一天，他卸下這個工作，是不是問題就解決了。這就是所謂「對事不對人」！

2. 要知道，每個人都有良知，每個人也都有眼睛會看，有耳朵會聽。一個人似乎沒有良知，也似乎不看不聽，很可能不是「他」的原因，而是因為他所處的「位置」。

3. 一個成熟的人一定要知道，在看別人立場的時候不可忽略那個「人」。因為有一天，你也可能換成對方的立場。如同前面故事中的小梁和小祝 —— 你原來的朋友，一下子成了競爭對手。

記得林語堂曾說過：「如果你要失去朋友，很容易，那就是嘗試著向你的朋友借錢或者借錢給你的朋友。」論調雖然有點悲觀，但是還頗有點談利色變的況味，但我們真是不要自欺欺人的否認林語堂先生察世的睿智和精闢。

發現敵人比發現朋友更容易，因為敵人會在任何時間都反對你。而朋友縱使在遭遇脅迫時也會支持你。有些人與你意見一致，這種情況經常發生，但他還不足以成為你的朋友。你必須觀察和等待，讓友情慢慢滋生 —— 在一棵大樹根基穩固之前，別在它陰涼下祈求庇護。

不要侵犯別人的領土範圍

無論多麼開放的辦公室，界線都永遠存在。

「領土意識」基本上就是自衛意識，人的防衛意識雖不像動物那樣直接明瞭，卻更強烈。人最基本的領土意識就是家庭，誰若未經同意闖入，一定會招致他人的驅逐。犯這種錯誤的人不多，倒是很多人在辦公室忽略了這點。在辦公室侵犯別人「領土範圍」的方式如：未經同意就坐在同事的桌子或椅子上、坐在主管的房間裡、到別的部門聊天等。

你不要以為這沒什麼，或是有「我又沒什麼壞念頭」的想法，事實上，這種舉動已經侵犯到別人的領土，對方會感到不快。這不快不會立即表現出來，也不會像狗或蝴蝶那樣，把你「驅逐出境」，但這不快會藏在心底，甚至懷疑你到底有什麼企圖，或是來刺探什麼。你不能怪別人這麼想，因為有這種想法是非常自然的，換成你也是如此。

無論多麼開放的辦公室，界線永遠存在。你不要越線去做「幫助」別人的事，也許你是出於一片好心，問題是對方是不是領你的情。許多時候你

第四章　害人之心不可有，防人之心不可無

的「熱心」往往被別人認為是「別有用心」。有句俗話叫「狗拿耗子，多管閒事」，按理說，誰能「拿耗子」對主人來說都是一樣的，但對貓來說，問題就不這麼簡單了。貓有理由認為拿耗子是自己分內的事，不用狗來管，狗去看好門就盡責了。其實，這裡的「領土範圍」之爭有一個明顯的顧慮，如果主人有一隻既會看門又會抓耗子的狗，他還要貓做什麼！狗的好心就被視為「搶飯碗」。同時，幫助別人做事往往會使被幫助的人接受這樣一種暗示：「你自己的事都做不好，你很無能，我比你強。」這種暗示讓人多麼不舒服，可想而知。

職場上就是有這樣一些麻煩，未必由你的惡意而起，也許出自你的好意，但方法有誤。「小心領土範圍」，自己顧自己有時並不是一種狹隘，而是對別人的一種尊重。

特別需要強調的是，如果你還是某個部門的主管，那就更要注意。如你的部門一時人手吃緊忙不過來，此時切不可以你的職位，不透過部門主管就隨意調用其他部門的人員。對該主管而言，你的「手太長」，沒把他放在眼裡；對被調用人員而言，心中也充滿不平。這些通常不會顯露在臉上，你又沒有察覺到，你已經「侵犯」了人家的「領土範圍」。還有一種情況是過於依賴個人的關係，而忽略應該走的「過場」，也是一種「領土」侵犯行為。比如，你與資料室的某人關係不錯，因此你把一些文件直接塞到他的手上，全然忽略了資料室的主管。這是最容易得罪人的一種行為，這無異於是對其「領土」的「公然踐踏」，本來忙的都是公事，卻不小心結下了「私怨」。

這種領土意識看起來很無聊，卻是存在的，如果你不注意而侵犯了別人的領土，是會惹出你想也想不到的麻煩的。

職場中只有對手沒有朋友

許多人為了擴展自己的圈子亂交一些朋友，到最後，這些人不但成為「兩肋插刀」的朋友，反而為了自己的利益插朋友兩刀。尤其在職場中更應該如此，同事之間應該真誠相待，但並不是什麼事都得告訴同事，適當保持一點距離還是有好處的。因為職場就是激烈的競技場，如果你將自己的一切「底牌」亮給對方，對方可能利用你的「底牌」成為他晉升的墊腳石。

洋洋的教訓最深刻。她本來是一家廣告公司的企劃，由於她的能力出眾，並且經常能夠做出讓公司非常滿意的企畫文案，因此，受到了老闆的賞識。一旦有需要企劃的案子，老闆首先找的就是洋洋，其他幾個企劃人員，只好做一些邊緣的沒有技術性質的工作。洋洋的同事小芳看到洋洋經常受到老闆的賞識，心裡很不服氣，但又沒有辦法，只能怪自己的能力有限。於是，當洋洋再次接到企劃選題時，小芳便主動與洋洋拉攏關係，為她端茶遞水，顯得十分殷勤，很快兩人成為了無話不說的好朋友。

可是，讓洋洋想不到的是自己將完成的企畫案遞交給老闆的時候，老闆沒有像往常那麼對她表揚一番，而是與洋洋的交談中充滿了氣憤。因為洋洋交來的企畫案和小芳前天交來的企畫案幾乎一模一樣，老闆認為洋洋有抄襲小芳方案的嫌疑。洋洋這個時候才恍然大悟，原來小芳與自己套交情是別有用心，就是為了盜取自己的企畫案。

此時，擺在洋洋面前有這麼幾種情況：

一是，直接在老闆面前哭鬧說明自己是冤枉的，這次是被人抄襲了自己的企畫案，憑著自己以往的工作表現，老闆應該相信自己，或者安慰自己沒有功勞也有苦勞等等，這樣做的結果只能是老闆將洋洋以前一切好的印象磨

滅，以後有好的企劃選題他還會找洋洋做嗎？

　　二是，洋洋直接找到小芳大吵大鬧，在所有同事的面前揭穿小芳抄襲的可恥行為，甚至將小芳拉到老闆的面前讓其洗清自己的冤屈，小芳肯定不承認，於是，在老闆面前，洋洋與小芳展開肉搏，最後，在老闆的勸說下停止。從此，洋洋和小芳的關係就破裂了，在自己身邊樹立起一個「敵人」，如何去展開工作？以後工作中同事的指指點點是免不了的，甚至疏遠她們兩個人，老闆對她們也許有新的認知，這樣的環境中，兩人肯定看到別人看自己有「目如針刺」一般的感覺。

　　最壞的結果就是大吵大鬧之後，洋洋覺得是妳小芳讓我丟面子，我也讓妳丟面子，我沒有辦法在這個公司待，妳也別想待下去，最後洋洋與小芳大鬧一番，都覺得自己沒有面子，雙雙離開公司，或者洋洋覺得自己這麼一吵鬧，沒有面子再在公司待下去了，離開了，留下了小芳，或者是老闆查清楚了事情的真正原因，辭退了小芳。

　　但是，洋洋沒有採取任何過於激烈的行動。她既沒有找小芳吵架，也沒有找老闆理論。她權衡利弊之後，覺得自己既要保證能夠在公司站穩腳跟，而且又能夠讓老闆知道這件事。最後，怎麼處理，自然是老闆說了算。於是，洋洋就好像啥事也沒有發生一般，照樣與小芳有說有笑。

　　過了一段時間，小芳因為剽竊他人的工作成果，被公司辭退了。

　　原來，洋洋在受到老闆批評之後，並沒有與氣憤的與老闆據理力爭，而是等老闆平靜下來後，再將一切告訴了老闆。老闆也有些相信洋洋，因為洋洋的企劃能力一向很強。但是，洋洋為了證明自己說的沒有假，讓老闆重新安排一個企劃選題，自己寫一份更加完美的企畫案。當小芳得到這個消息的時候，也加緊了與洋洋的「往來」，洋洋首先寫了一份有多處毛病的企畫案，

「無意」公開給小芳，自己又重新寫了一份完整的企畫案，連同那份毛病很多的企畫案一起快速的交給了老闆。當小芳以為自己的企畫案又搶先在了洋洋的前面，得意洋洋的時候，老闆卻正在核對小芳的企畫案與洋洋交來的「毛病很多的企畫案」，小芳能不撞在槍口上嗎？

在競爭激烈的職場，也許每個人都可能遇到洋洋這樣的情況。一般來說，往往老闆最器重的人，在其他同事眼中就可能成為了「眼中釘」，這就是所謂的「高處不勝寒」吧！同事隨時看著他希望他早點倒楣。因此，在工作中一旦你成為老闆器重的人，你就得注意你身邊的人了，不能踩入他們設下的「圈套」。

職場本身就是一個錯綜複雜的利益混合體，不單單是工作場所，其中涉及到利益關係。尤其是在一些急切追求工作業績的公司，因為業績代表了金錢的增加，代表著職位的升遷等等，每個人都希望贏得老闆的好感，於是，同事之間的競爭就展開了。在這種競爭中無形的摻雜了個人的情感、好惡、與上司的關係等等複雜的關係。雖然表面上大家和和氣氣，同心同德，可是內心裡卻可能各自打著各自的算盤。

在職場中，要想有所作為，但又想處理好同事之間的關係很不容易。要學會與同事友好的相處，但是又要適當的自我保留，不要時常「亮底牌」，該說的說，不該說的盡量不要說，尤其對一些上司的評價，本來偶爾一句無心的話，也可能使得自己與上司關係變得不融洽。在職場賽局中，處理好與同事的關係，學會抵擋明槍暗箭非常的重要。

只有分清了敵友，才能夠在職場這樣一個利益混合體中躲避明槍暗箭，從而保護自己。職場上既然有紛爭，也有結盟，尤其在同事與同事之間，這樣的情況十分普遍。但爭鬥也好，結盟也罷，都要視利益大小而定。只要明

白了這樣的道理，才能夠在職場爭鬥中做到遊刃有餘、從容、鎮定，才能夠成為最後的勝者。

第五章　為什麼他晉升了，而我沒有

要有業績更要人際

在一個職場環境裡，若兩耳不聞窗外事，不和主管、同事打好關係，只是一味埋頭苦幹，或許業績會節節攀升，可是自己就會被孤立了，甚至會被扣上清高的帽子。這樣的環境下是不可能升遷的。

職場人，到底是業績重要還是人際關係重要，很多人都希望自己兩者兼而有之，既要做出良好的業績，也要處理好人際關係。在只有一個選擇的情況下，很多人選擇了要做出業績。

沒錯，良好的業績是顯示職場成功的一個關鍵。有了好的業績，就可能贏得良好的人際，老闆器重，同事讚賞，下屬聽命，收入暴漲，這些都是好業績帶來的。

但是，現在的社會也不乏做出了業績，因為人際關係處理不當而得不到公司的認可，得不到同事的尊重，反而陷入被動。這樣的實例不勝枚舉。

曾經連續三年被評為「銷售業績之星」的林小姐，近日接到了公司人事

第五章　為什麼他晉升了，而我沒有

部門「不予續簽工作合約」的通知，問及其中原因，她說：「在公司裡，與主管打好關係比做什麼工作都重要。」用林小姐的話來說，唯一有資格對你的業績進行綜合評判的是你的頂頭上司，你的銷售額再高，如果與主管處於對峙狀態，主管也會從「團隊建設、是否安心本職」等其他方面挑出毛病，讓你無法安心工作，最終導致銷售業績下滑。換句話說，如果你不屬於主管的派系人馬，又不會討好上司，即使像老牛一樣勤勞工作，你的業績評鑑也不會好到哪裡去！

90%的離職員工是因為直屬上司的關係不和而離職。職場中最基本的生存法則，就是和自己的直屬上司打好關係，尤其是對那些處在中層的專業經理人更是如此。

人際關係是一門學問，在某種程度上說可能比業績更為重要，試想：一個只會埋頭苦幹卻不會處理關係的人，可能招致別人的嫉妒，也可能招致別人的排擠，從而使自己陷入困境。

如果沒有良好的人緣，與同事相處不融洽，上司縱然賞識也愛莫能助。某公司有一個經理的職缺，董事長準備從現有的主管中拔擢德才兼備者，替補其缺位。在董事會上，董事長提名了兩名候選人，希望董事們討論決定。然而，董事們都沉默不語，其中有兩位董事顯出一副欲言又止的樣子。會後，董事長找到這兩位董事私下交談，才發現這兩名候選人都令董事們不滿意。一位候選人特別善於奉承，愛給有地位的人戴高帽子，而與職員們的關係很不好，儘管他的業務能力很強，卻不適任；另一位候選人雖有碩士學位的高學歷，表面上看來和同事們相處得很融洽，但是他很喜歡建立派系製造「小圈子」，對大多數員工卻冷漠得很。

董事長從員工口中查明屬實之後，決定不拔擢兩人，而是外聘了一位處

世風格合宜的經理。

人際關係是一門學問，很多人尤其是職場新人往往不注重這個，顯示出孤傲的個性，不把別人放在眼裡。而聰明人則完全不同，他們在做出業績的同時，也十分注重處理人際關係，尤其是注意做到謙遜待人，鋒芒不露，贏得別人的尊敬和愛護。

光有業績的人就像一頭埋頭苦幹的牛，所謂「吃得苦中苦，方為人上人」不過是個美麗的童話，打好人際關係才是通向成功的正確途徑。

曾經有一個送水工人，他在原公司做了 5 年後辭職，自己創業，開了一家新的送水公司，並且很快打敗了作為競爭對手的原公司。他靠什麼獲得成功的呢？

每次幫客戶送水時，他都會跟客戶話話家常聊聊天，久而久之關係越處越好。他試探性的問客戶，假如他開一家送水公司客戶會不會買他的水，客戶的答覆是肯定的。因此，他下定決心自己創業，最終獲得了成功。毫無疑問，獲勝的關鍵就在於他抓住了他的客戶，在人際方面的努力獲得了成效。

試想一下，一個普普通通的送水工人，他能做出什麼業績？每天勤奮多賣點力氣多送點水？他的未來會指向何方？

畢竟，這個社會大部分人都是普普通通的薪水階級，想往上爬是一件很困難的事。業績？你能做出多少業績？一個人的力量能有多強大？沒有了人際關係的支持，周圍都是一片反對之聲，走到哪裡都受人排擠，你能在這樣的環境下做出業績？

要處理好人際關係必須做到幾點：首先是和公司管理層的關係，既要高品質的完成自己的任務，還要懂得尊重主管。年輕的職場人還要注意自己，不要鋒芒太露，不可功高震主。其次，要處理好與同事的關係。對待同事要

真誠，要樂於幫助他人，在與同事相處的過程中，不能只看到別人的缺點，而看不到他人的優點。只有善於接納他人、勇於容忍他人缺點的人，才能贏得大家普遍的歡迎。第三是對待自己的下屬，要善於換位思考，經常把自己置身於下屬的位置，考慮自己安排的任務是否合理，而不是強求。更要懂得尊重下屬，尊重他們的人格，而不能經常批評甚至不顧場合的臭罵自己的下屬。

假使，你在職場中，人際脈絡錯綜複雜，甚是廣泛，無貧富、學歷、身分的干擾，那麼恭喜你，你在職場中亦可遊刃有餘。因為人際甚於業績。

眼界可以決定升遷

一年零七個月，在一家大型 IT 公司裡連升 3 級！不到 3 年時間，他完成了從普通職員到美國納斯達克上市公司總裁的跨越。正如他自己所講，小峰覺得自己的成功並沒有什麼玄機：「永遠不要只會抱怨，任何一家公司都有自己的問題，而你不是在幫公司工作，你是在為自己而戰，如果你一定要我總結的話，這是成功的第一條。」

有一位總裁被他一再提及，原因是這位總裁捐出了個人的全部股份成立了一筆慈善基金，「一個人如果能有如此的義利觀，想不成功都難，這就是成功的第二條。最後一條 —— 年輕人不要眼高手低，除了『看路』之外，還要學會『走路』。」離開的時候，他很認真的說：「你們做記者的成功的機會更多，因為你每採訪一個成功人士，都可以從中學到很多東西……」他似乎又開始思索自己的「道」了，看來，這是一個有「成功強迫症」的人 —— 千萬不要隨便看輕你現在所做的每一份工作，其實人生就是一個很大的鏈

條，其中的每一個環節都很重要。人生的磨難是一種財富，因為磨難會逼著你思考。

「我 15 歲就離開家，到城裡去讀高中了。一直到 29 歲，我都在不停的思考，思考我所見到的人和事，思考自己的理想和未來。我的職業生涯很複雜，在做外貿銷售的那 4 年裡，我見識了不同的人，了解了豐富的人性以及跟這些不同的人打交道的方法。後來我又去了一家房地產公司做了 4 年，這期間，進一步了解了市場規律以及如何與政府打交道。接下來，我在一家管理諮詢的外商裡又系統化的學習了管理學和英語方面的知識。1998 年的時候，讀 MBA 要十萬多，我當時還拿不出這個錢，但我一直都沒有放棄，所以在我 29 歲的時候，當我周圍的人都認為已經沒有這個必要再去讀書的時候，我仍然堅持自己的理想，考上了 MBA。我的一個感受是：千萬不要隨便看輕你現在所做的每一份工作，要珍惜眼前。即使它看起來很卑微、看起來似乎跟你未來的理想沒有任何關係。」

在職場上有兩種人，一是整天怨天尤人，抱怨老闆有眼無珠，不能提拔自己，抱怨公司所存在的各種問題；另一種人則會站在自己上司的位置上來考慮他需要什麼，思考自己離上司的要求還差多遠。顯然，後一種人更容易得到晉升。

小峰的經歷被稱為「最快的職場晉升神話」，他的體會是，幫助你的上司成功，就是你的成功。2003 年的春天，小峰 MBA 畢業了。某公司看到他的履歷後就找他去做市場專員，這是一份很普通的工作，而且月薪只有 20,000元左右。很多人都覺得堂堂 MBA 畢業生怎麼能做這種工作呢？但他很珍惜這個機會。

由於業績突出，小峰在做了 10 個月的市場專員之後，被升任為公司培

訓中心的校長。當時，培訓中心之間是有競爭的，但他並沒有把自己僅僅定位在一個培訓中心的校長。他說：「如果我是培訓中心的總裁的話，那我肯定希望所有培訓學校的業績都好啊，所以我毫不保留的將自己的成功經驗拿了出來，介紹給其他與我有競爭關係的培訓中心。表面上看起來，我好像吃虧了，自己辛辛苦苦換來的成功轉眼就拱手送給別人了。但在我的幫助下，我的上司，也就是培訓中心的副總裁得到了提升，因此這個位置就空了出來。就這樣，2005 年 7 月份，我被升為培訓中心的副總裁，又一次實現了職場上的跳躍。」

就在這個時候，小峰人生的又一個機會來臨了，一家國際集團看中了他在 IT 培訓領域的經驗，挖他過去做總裁，而他自己也覺得值得挑戰，希望自己在這方面能夠有所成就。

就這樣，小峰成了國際集團的執行總裁、行動通訊學院的 CEO，也完成了從一個普通職員到美國納斯達克上市公司總裁的跨越，時間不到 3 年。他的體會是：「眼界決定境界，思路決定出路。不要僅僅把眼光盯在自己的位置上，而要站在自己上司的位置上來考慮問題，你的上司成功了，你才有機會成功。」

要升遷必先要升值

升值未必升遷，但是升遷必先升值。上司決定我們職位的高低，我們創造的價值高低，直接影響上司的決定 —— 升遷必先升值。

對主動要求升遷的人，公司會有兩種看法：一是該員工為公司創造了不少價值，管理能力不錯，順勢將他提拔上去；二是該員工搆不上升遷的標準。

　　如果是第二種情況，下屬以各種手段脅迫上司，爭得更高的職務，只會朝不保夕，總有一天會被掃地出門。從現實情況看，許多公司對這些下屬採用冷處理的方法，從潛意識裡打擊、冷落，直到下屬意識到，自己無法在公司立足，自行離開。

　　什麼是升值？升值就是價值的提升，包含著一個人知識和能力兩個方面的提升。而對與職場人士，升遷包括個人文化知識、工作經驗、工作能力等各方面的提升，需要你在工作中不斷累積寶貴經驗，吸取教訓，提高自己的文化知識素養，鍛鍊自己在工作的決策力、執行力和應變力等綜合性能力。

　　對於個人而言，從低階到高階發展的過程，就是一個自我實現的過程。在這個過程中，個人能發揮出最大的才華和潛能，而企業是否有發展前途，就是看其員工的價值是否得以不斷提升，而企業又能不斷給這些升值的員工相應足夠的升遷空間。

　　美國一家速食連鎖公司在這方面就做得非常出色，它有一套完善的升遷機制。這家公司以火雞為主打產品，每一個職員都有相同的經歷，即從基層的實習助理做起。公司努力使其中有責任感和獨立自主精神的年輕人獲得足夠的升遷機會，很快成為一名中小企業的管理者。

　　第一階段是實習助理。在這個職位上，有文憑的年輕人須做滿 6 個月。他們要努力在這期間學習保持清潔與服務周到的辦法，累積最直接的管理經驗。第二階段和第三階段分別是二級助理和一級助理，在這兩個階段，他們開始承擔起一部分的管理工作，在小範圍的日常實踐中摸索經驗。第四階段是參觀經理，只有在第二、三階段獲得足夠的鍛鍊，累積了足夠的經驗時，才有機會升到該階段。在成為經理之前，公司還要提供在當地大學為期 20天的培訓，以補充在管理知識上的不足。如職員能繼續學習和鍛鍊，還有可

能升遷為公司的巡視員、地區顧問及總部經理。

　　升遷離不開升值，這就需要不斷學習和鍛鍊。否則不僅不會升值，反而有可能貶值。美國國家研究會的一項調查發現：半數以上的工作技能在短短的 3 到 5 年內，就會因為趕不上時代的發展而變得無用，而以前這種技能折舊的期限長達 7 到 14 年左右。現在職業的半衰期也越來越短，所有的高薪者若不繼續學習，無須 5 年就會再次變成低薪者。

　　這個科技與知識發展一日千里的時代，隨著知識和技能的折舊速度越來越快，更需要不斷透過學習和培訓累積經驗、更新技能。做到這一點，老闆就會對你刮目相看，你會因自己的升值，在眾多的員工中，獲得升遷，贏得一個一飛沖天的機會。

　　對於職場人士來說，在職場發展的身分證，姓名不僅僅是一個代號，而是包含了知名度、美譽度、雇主滿意度和忠誠度的品牌，是個人謀求職業生涯發展過程更大成功的通行證和開門密碼。對於職場中人來說，自己的品牌價值就如同產品品質和產品品牌美譽度之於產品一樣至關重要。

　　而如同產品一樣，要形成知名品牌，提高品牌價值，就必須有強大的品質作為基礎。對於職場中人，建立個人職業品牌的「品質」要求包含兩個方面：一方面是職業能力，個人業務技能上的高品質，超凡的工作技能是個人品牌的核心內容。在工作場所，能力不強的人想建立個人品牌是很困難的，就像一個產品，客戶服務再好，如果三天兩頭出現問題，也會讓客戶下次避而遠之。另一方面是指職業精神，這是可信度的保證。

　　提高身價的途徑有多種，不論哪一種，都需要努力和付出，以形成個人的核心競爭力。提高身價可從 3 個層面努力，一是了解自己的喜好，二是了解行業和市場，三是了解自身的競爭力。找出你真正喜歡做的事，努力使自

己在這個方面出色，其他的事情自然就迎刃而解了。記住，成功永遠屬於有準備的人。

跳槽，是提高身價的最通行做法。據相關調查，85%的中層員工認為透過跳槽可以實現自我提升，獲得更大的發展空間。在跳槽過程中，只要精心包裝過去的工作成績，充分展示自己的核心競爭力，提高身價並非難事。不過，「跳槽增值」的基礎是跳對方向。跳槽者要在充分了解職位的基礎上，仔細分析自身實力，如果發現自己和職位的要求不太相符，就要當機立斷，選擇放棄。就個人發展而言，還是應該穩紮穩打、厚積薄發，等個人能力真正達到一定層次後，再尋找升值的機會。跳槽是鑰匙，但不是萬能鑰匙。

在公司內部尋求晉升，提高公司對自身的價值預期，令身價大漲，這是最理想的升值途徑。做到這一點，首先要了解自己的長處和劣勢，明晰職業定位；然後構建一個身價座標圖，分別制定出短期、中期、長期發展計畫，從知識、技能、人際關係等方面提升自己。

證書不僅是進入職場的敲門磚，也是提高身價的第三條捷徑。用權威、有名氣的證書為自己「鍍金」，是時下年輕求職者偏愛的方式。企業對求職者能力的判斷，很大一部分也是以證書為依據的。注意，資格證書不追求「量」，而是越「專」越好。其次，證書必須和自己的發展方向吻合，只有在合適的時機獲得合適的證書，證書的效用才能充分發揮。

到外商尋求工作經歷，是提高身價的第四條途徑。外商在某種程度上是當代管理的「西點軍校」，其獨具特色的培訓方式和企業文化，塑造、培養了大批掌握現代管理技巧和理念的上班族。在外商工作過的人，往往眼光更開闊，更容易適應經濟全球化帶來的挑戰。外商的工作氛圍、規範化的管理和培訓機制，也能為人的綜合能力帶來品質的提升。

同事晉升，自己怎麼辦

「小錢，你有空嗎？我們來談談銷售方案的事。」蔣經理手裡拿著一份計畫書，走到小錢的辦公桌前對他說。

「沒問題。」小錢爽快的答應。

三年前，小錢和小蔣一起加入這家軟體公司，同樣從銷售代表開始做起。不過，三年之後，小蔣已經成為銷售部的銷售主管，而小錢的職位仍然原地踏步。

雖說世態炎涼，可是小蔣還是和以前一樣把小錢當成自己昔日並肩作戰的好友 —— 無論是大大小小的方案，都會參考小錢的建議，徵求小錢的回饋。

對於這一點，小錢自然心存感激 —— 畢竟，小蔣現在已經是自己的頂頭上司，「不恥下問」的故事雖聽說過，但親身經歷還是第一次。

這年頭，千里馬有的是，伯樂可越來越少了。

但是，唯一讓小錢覺得不安的是，彷彿在無意之中，他和小蔣之間猛然聳立起一道不可逾越的屏障。

這次會談也不例外。

兩人一坐下來就緊鑼密鼓的投入到銷售方案的構想中，儘管你來我往中難免各執一詞，但創意的火花往往就是在這一瞬間迸發出來的。

不知不覺中，時間已經過去了一個小時。

小蔣看了一眼手錶，發現時針已經指向 11 點，這才感覺有些口渴。

「幫我倒杯水去。」他脫口而出。

小錢一愕。

他從熱烈的討論中掙脫出來，左右看了看 —— 除了他們兩個人，再沒有其他人了。

睜大了眼睛看著面前的小蔣，彷彿是在詢問：「你指的是我嗎？」

小蔣也才意識到自己的失語，尷尬的笑笑：「說順嘴了，又把你當成我的祕書小梅了。」

小錢也連忙換成一副笑臉：「一樣的，一樣的，我去倒水也一樣。」

「這哪行？」小蔣一把攔住，「好朋友可不能來這一套。你也來一杯吧，綠茶還是紅茶？」

「還是我來。」小錢似乎覺得不妥，「哪有經理幫下屬倒茶的道理。」

「不是說好了嗎？」小蔣說，「私下我們可不分什麼經理不經理的，怎麼又和我客氣起來了？」

話雖這樣說，可是類似的尷尬總是讓小錢覺得有些不自在。

而更尷尬的還在後面。

就在小蔣去倒茶的時候，桌上的電話響了。

小蔣回過頭，示意小錢先接聽，自己趕緊去忙著沏茶。

「喂？」電話那頭的聲音很洪亮，「是蔣經理嗎？」

「不是，蔣經理剛離開，一分鐘就會回來。請問您是哪位？」小錢回答。

「我是 S 公司的老趙，想和他談談下半年合作的事。」對方正說著，小蔣已經回來，連忙接過電話，「是趙經理啊，好久沒有和您聯絡了，最近一切還好吧？」

「都很好，就是一直太忙沒有抽出時間和您聯絡。」趙經理回答，「對了，你怎麼換祕書了？還是個男的？原來的祕書呢？小梅不是做得好好的嗎？」

　　趙經理的聲音很大，小錢的距離又很近，對話一字不漏的傳到他的耳朵裡。

　　「祕書？男祕書？」小錢心裡滿不是滋味。

　　「不，不是的，趙經理。」小蔣連忙解釋，「其實是這樣的……」

　　小錢已經不想再聽下去。從同事到上司已經讓他覺得渾身不自在了，怎麼現在又從同事到了祕書——儘管這只是個誤會。

　　如果換成是你，你會怎麼做？

1. 若無其事的繼續留在經理辦公室。別人怎麼看不重要，重要的是自己怎麼看。同事成為上司不一定會是壞事，關鍵是自己保持怎樣的心態。

2. 和經理打個招呼先藉機離開，盡快脫離這尷尬的局面。在以後最好和經理說明，工作的時候還是維持上司下屬的關係，而在生活上做朋友比較恰當。

3. 為了避免以後再發生類似的事情，還是另擇他鄉（例如其他部門、其他小組或者其他公司）吧。

　　這樣選擇的結果：

　　小錢向正在講電話的小蔣打了個手勢，指了指門口的方向。小蔣點了點頭，示意他可以先忙自己的事了。

　　下班後，小蔣請小錢吃飯，當面向他表示道歉。

　　「這哪需要道什麼歉！」小錢一臉堆笑，「你不說，我都根本記不起來了。」

　　「客戶在那裡胡亂猜測，你千萬別介意。」

　　「管他說什麼，我們明白就行了。」

「你能這麼想就太好了。」小蔣喝了口酒，「我還真擔心因為這會傷了我們倆的感情。」

「不會，絕對不會！」小錢跟著端起酒杯，「不過，我倒有個小建議。」

「你說來聽聽。」

「是這樣的。」小錢仰頭一飲而盡，「私底下我們還是好朋友，無論喝酒打球，什麼時候都隨叫隨到；可是，在工作上，我覺得這樣不分大小好像不妥當。」

「什麼大小，哪有什麼大小？你怎麼又提這一套了？」

「不，不，不。」錢軍一連說了三個「不」字，「我們多年的朋友了，我也不來虛的。我這樣做並不是要劃清界限什麼的，實在是為了工作著想。如果我們在工作上仍然不分大小，一來其他員工會有意見，說你厚此薄彼，二來上頭也會有想法，說你待人不公。你想想，是不是這樣？」

「嗯……」小蔣沉思著。

「你放心，」小錢拍著胸膛保證，「這樣做絕不會影響我們之間的關係；相反，還能讓公司覺得我們公私分明、立場堅定啊。」

「說得確實有一定道理。」小蔣點點頭。

「這麼說來，你是同意了？」小錢舉起酒杯，「來，乾杯！就這麼說定了。」

一年後，小蔣因為業績出色和主管賞識晉升為行銷總監，而小錢也順理成章的成為行銷部門的銷售主管。

當原先地位平等的雙方中有一方成了老闆，為了避免這種變化傷及友誼或破壞工作職責，雙方應該互相交流彼此的感受：如果你是那個該向對方匯報工作的人，你是生氣、嫉妒、憤怒，還是為你的朋友感到高興？也許你正

體驗著上述全部的感受，也許只是其中的一些，那麼你打算獨自品嘗這些滋味嗎？還是你打算一次性說出你的全部感覺 —— 你和你的朋友一樣有資格，你應該晉升，而不是你的朋友。

　　不妨參考以下建議：

1. 關於如何處理這種情形其實並沒有正確答案，既然你知道你的「上司朋友」在多大程度上願意和你分享這種體驗，你也知道公開你自己的感受，究竟會促進還是阻礙你們的前途和工作。對於有些人來說，向中立的第三方大倒苦水似乎是一個比較好的策略。而我覺得，比較好的做法是寄一張賀卡，約你的朋友出去吃飯，送一籃水果慶祝他的晉升，透過這些來表示對他上司身分的認同。

2. 假如你先於你的朋友獲得晉升，要有心理準備，你的升遷可能會招致對方的嫉妒。嫉妒不會使友誼終結，卻會使雙方都很不舒服。假如你還想維持這段友誼，而且你們之間還有很深的感情，你可以考慮主動找你的朋友，談談你的朋友對你們之間工作關係變化的感受，談談是否有一些問題需要提出來，從而使你們能更有效的合作。

升遷工夫全在工作外

　　在職場，要升遷，說穿了，就是主管的一句話而已。固然，你自己創造價值很重要，但是，即使你創造了價值，但始終被排斥在高位周邊的現象不勝枚舉。自己升值了，要想獲得晉升，還需要另外關鍵的一步：那就是主動靠近職位。主動靠近主管，就意味著在向升遷靠近，所以才有很多拍馬屁的人存在。你可以鄙視拍馬屁的人，你也可以不去拍馬屁，但是你必須把握升

遷的機會。所謂近水樓臺先得月，如果你與主管始終保持遙遠的距離，你的任何資訊都被這種距離隔離，那麼你必然無升遷的可能。

在職場上混飯吃，你要想拉近與主管的距離，就必須和主管全面的接觸，這就要求你學會利用和創造各式各樣的機會。這些機會相當於「投資」，包括「工作投資」（工作中多匯報、多請示）和「感情投資」（除工作之外的投資），這裡「感情投資」尤為重要。

人不僅是一種理性的生靈，也是一種感性的生靈，一個重要特徵就是重視「關係」，也就是感情聯絡。這種「任人唯親」是較普遍的，其中這個「親」就是指諸如祕書、司機、同鄉、親屬、親信、老同學、老部下等與主管感情較深的人，這些人就是主管重用的對象。有人從中總結經驗說：「工夫全在工作外。」

與老闆多接觸，坐在老闆身邊的工夫絕非拍馬屁、捧臭腳那麼簡單庸俗，怎樣才能讓老闆賞識器重的同時，讓同事拍手稱好呢？其中的分寸奧妙需要你智慧頭腦的積極參與。

對於陌生的新環境，我們往往以沉默拘謹應對，遠離同事，尤其是遠離上司。其實這很不利於個性才能的發揮。如果換個角度思考，「坐在老闆身邊又何妨？」如果能經常有意無意的親近老闆，讓他記住你，讓他了解你的意見和想法，你才有可能收穫意外的驚喜。

親近老闆要講究一些方法和原則，否則，你討好了上司就很可能失去群眾的支持；嚴重的話，可能連老闆也會覺得「人言可畏」而放棄對你的「寵愛」。

剛畢業的小紅和另外七八個年輕人一同被一家向集團化邁進、急需大批新生菁英力量的公司聘用。為了表示對這批「新鮮血液」的厚望和鼓勵，老

闆決定單獨宴請他們。

餐廳離公司不遠，新人們三三兩兩結伴而行，唯獨將老闆拋在了一邊。小紅看在眼裡，不禁替老闆覺得尷尬。於是在進入餐廳落座之前，小紅藉故先去了趟洗手間。回來一看，果然不出她所料，同事們或正襟危坐、謹口慎言，或低頭相互私語竊笑，不僅沒人上前跟老闆搭訕，更將其左右兩邊的座位空了出來。看見老闆強擠出笑容的樣子，小紅趕緊說：「我建議我們都往一起湊湊吧！」說完，便很自然的坐在了老闆左邊的座位上，並對老闆投來的讚許目光報以會心一笑。

小紅的聰明做法就連再尖酸的人也沒道理指責她是在「拍馬屁」了。本來這次老闆就是想和新員工親近一下，說不定還想藉此發掘人才呢！可多數靦腆木訥的年輕人卻辜負了老闆的美意，把他晾在一邊，他能高興嗎？

其實，其餘的人肯定也想在老闆面前好好表現，但就是礙於臉面，怕別人說自己是「馬屁精」才退縮的。一個不能主動為自己爭取機會的人，如果被提拔，將來管理公司、面對客戶或參加為公司爭取利益的談判時怎麼能有魄力和手段呢？如果換作你是老闆，你會提拔這樣的人嗎？

俗話說：做事不看東，累死也無功。要是沒有老闆的讚賞和支持，就算拚死拚活的做，要想超越上面層層「屏障」，也實在是太難太慢了。

小辛是個肯做也會做的人，她知道只有自己製造機會才能接近老闆。經過努力，小辛不只一次在電梯裡與老闆「不期而遇」。有備而來的小辛沒有像其他人一樣硬著頭皮和老闆沒話找話，而是笑吟吟的和老闆打著招呼。要是老闆問她最近工作如何，她自然是有條不紊、對答如流，但大多時候老闆都會和她聊一些輕鬆休閒的話題，小辛全都能隨和對答，而且還了解了好多老闆的個人愛好，更以此加深了老闆對她的印象。

其實，聰明的老闆是願意給員工留下一個和藹可親的印象的，他也希望員工對他親近相隨。可因為自卑心和恐懼心在作祟，許多人見到老闆都唯恐避之不及，何況是在小小的電梯裡呢？殊不知老闆面對一個拘謹無措、憋得臉紅脖子粗的人，也會覺得尷尬呀！

所以，你根本不用害怕沒話說，因為一般在這種場合下，老闆為了打消你的顧慮是會和你主動閒話家常的，你只把這當成是一次親近老闆的機會，別戰戰兢兢就行了。

公司裡人多嘴雜，上面又有層層主管，怎樣才能讓老闆看到自己的才能和幹勁呢？把自己的工作報告直接呈給老闆也太明顯了，越級匯報容易讓老闆覺得你太張揚、太性急了，要是讓自己的主管知道，就更是吃不完兜著走了。

思來想去，歡歡寫了一份對公司發展前景的意見報告書給部門經理，經理看後說「很好」，只是有很多建議的實施，自己沒那麼大權力做主。歡歡藉機說：「其實我們每個人都有一些建議，不如把老闆請來和我們部門座談一下，這樣不是顯得我們部門的人都有為公司著想、願與公司共同發展的願望和決心嗎？」經理一聽，有道理，當即邀請老闆，老闆自然欣然前來。

開會時，出於對歡歡建議的肯定，部門經理安排歡歡和自己分坐老闆的左右。在會上，歡歡大大的表現了一番，當然是在發言上的慷慨陳詞了。

會後，同事們都為能有這樣一次與老闆暢談自己想法的機會感到興奮，部門經理更是得到了老闆的讚揚。其他部門也爭相效仿，誰也沒有歪曲歡歡是在搶風頭、拍馬屁。

在大公司，可能你的頂頭上司本人就可以決定你升遷與否。在中小公司，你的直屬上司對你的升遷會有一定的影響作用，但是決定權最終取決於

老闆本身。所以能夠獲得與老闆本人單獨相處的機會，是最有效的「親權」行為，而這種機會往往更需要精心炮製。

經過細心觀察，小洪找到了可以單獨接觸老闆的機會。每天中午，公司裡所有人都要去員工餐廳吃午飯，老闆總是去得很晚，也許是事情多，脫不開身，也許是不願和員工擠在一起「搶飯」，每次老闆到員工餐廳時已經沒什麼人了。

那天中午小洪藉故晚去了餐廳，「正好」碰見老闆：「董事長，沒想到您也在員工餐廳吃飯啊！」小洪很自然的達成了心願，單獨和老闆有說有笑了一個中午。原來老闆也是個挺隨和、愛聊天的人。

從那以後，小洪每隔一段時間就會「不經意」的和老闆一起吃午飯。為了避免同事說閒話，他有時藉口工作沒完，有時出去辦事晚回來一下，錯過吃飯的高峰期。

老闆也是人，也需要在業餘時間放鬆一下，那些見到老闆就像老鼠見到貓，總想繞道走的人只會與機會擦肩而過。在職場上，像小洪這樣採取「利己不損人」的正當手段為自己爭取機會，實屬明智之舉。與主管接觸，聯絡感情的機會很多，每一種機會都可以加深與主管的感情。當然，多管齊下，全方位投資更為有效，與主管的關係就更容易拉近。

總之，在職場，做好本職工作固然重要；但是你在埋頭工作之外，不妨「別有用心」一下，因為，大部分主管都喜歡在員工有了情緒之後才會考慮他的晉升問題。與其鬧出來，不如靠主動歡悅爭取。

情商真的決定升遷嗎

情商（EQ）又稱情緒智商，是近年來心理學家們提出的與智商相對應的概念。它主要是指人在情緒、情感、意志、耐受挫折等方面的特質。在此之前，IQ 一直被認為是一個人成功的唯一因素，直到近年來，大家才開始認知到，其實情緒管理的重要性並不亞於一個人的聰明才智。一位美國心理學家運用情商（EQ）概念，對美國歷史上諸位總統進行了一番測試。他認為，富蘭克林‧羅斯福總統是個二流智力、一流情商的政治家，由此被公認為美國歷史上一個卓越的領導人。而尼克森總統擁有一流智慧，但情緒能力一團糟，故而黯然下臺。

在美國，曾流行這樣一句話，即智商決定錄用，情商決定升遷。一個著名的案例是，被譽為紐澤西聰明工程師思想庫的 AT ＆ T 貝爾實驗室一位經理，受命列出他手下工作績效最佳的人。從他所列出的名單看，那些認為工作績效最好的人不是具有最高智商的人，而是那些情緒傳遞得到回應的人。這顯示，與在社會交際方面不靈、性格孤僻的天才相比，那些良好的合作者和善於與同事相處的員工，更可能得到為達到自己的目標所需的合作。另一個案例是，美國創造性領導研究中心的大衛及同事在研究指曇花一現的主管人員時發現，這些人所以失敗不是因為技術上的無能，而是因為人際關係方面的缺陷。

同事之間的競爭、與主管相處的藝術、辦公室政治……職場上的較量越來越不只表現在學歷背景和工作能力上，「辦公室情商」的高低，眼下已成為困擾上班族職場晉升的一大難題。有的說：「經常都不知道自己哪句話說錯了，主管的臉馬上就陰沉了。」還有越來越多的上班族抱怨，每天超過一半

的工作時間都用在了「上上下下的溝通上」，幾乎沒有更多的時間來照顧自己的本職專業或業餘愛好。但有時候溝通得不好，反而好事變成壞事，本來十拿九穩的升遷，到頭來一場空。

　　個人的事業成功在初期主要依靠自身的教育背景和職業能力，上升到中高期時就會遇到人際溝通的阻礙。

　　有一位孔先生，他在一家企業做一名主管，最近，他遇到了一件麻煩的事情。作為主管，孔先生的能力是得到高層認同的，但是他也有一些小小的缺陷，雖然部門中的業務他都很熟悉，但是有一項業務，暫稱之業務 A 吧，卻是他的弱項，這是可以理解的事情，沒有人會成為每一個方面的專家，就是這麼簡單。

　　孔先生管理的部門中的一位員工小馬，是業務 A 方面的專家。最近，公司突然對業務 A 格外的重視起來，先是高層管理者越過孔先生，直接與小馬溝通，接著，小馬開始頻繁的參加只有主管級才有資格參加的會議，其他部門與本部門發生業務關係的時候，也都是直接來找小馬。

　　孔先生的處境一下子變得微妙起來。情況越來越糟糕，最近，部門主管會議開始由小馬參加，部門的工作安排也全部由小馬來統一協調，而實際上的主管孔先生卻被排除在外。一個可怕的現實擺在孔先生面前，他有可能 —— 或者已經被部屬小馬所取代。

　　卡內基曾經說過，「一個人事業的成功，只有 15% 靠他的專業知識，另外 85% 主要靠人際關係和處世技巧。」在智商之外，一定要注意提高自己的「辦公室情商」，綜合提高自己的職業競爭力。工作中，良好的人際關係、有效的溝通技巧不但使人保持心情愉快，也直接影響著事業成功。金子掉在灰堆裡，未必能閃光。一個有能力、有才華、有知識的人，千萬不要孤傲，不

要落單，一定要學會溝通，學會合作，學會管理自己的情緒。

自己要為自己創造職位

假如你在一個位子上待了很久，工作得也不錯，卻一直不能升遷。你分析來分析去，覺得原因不在於自身，而在於你的頂頭上司，那個安於現狀的傢伙。他許多年來一直原地踏步，占著位子不離開，別人自然也沒辦法上來。他是你前進路上的障礙，是你的絆腳石，只要有他在，你就別指望在職場上大有作為 —— 那麼，你該怎麼辦？

消極的人選擇離職，但是離開這家公司，下一家未必就有升遷空間。所以積極的人選擇：自己為自己創造一個職位。有效的提升自己，然後鼓勵你的老闆也加入進來。有各式各樣的方法可以讓你用來實現這個設想，稍微有點創造性思維，你至少能夠找到一種方式來為你所用。

當你的同事請病假或離開時，你可以接管他們的工作。或者僅在他們超負荷時協助他們完成任務。關鍵時刻你將是無價之寶。簡而言之，最起碼這意味著你具備加薪的條件。

在一家財務公司工作兩年後，小麗獲悉自己將接任客戶服務經理的位置。然而，她只是被分配去做一般的客戶服務，而公司最核心的工作 —— 客戶財務培訓，卻沒有她的份。

兩個月後，公司需要為一家公司設計全新的培訓大綱，由她的上司負責，但上司要出國，而那家客戶公司又是新的行業，其他同事不敢輕易一試，小麗於是毛遂自薦：「我相信自己的創意能力，又有設計和寫作經驗，不如讓我試一下，就算不盡人意，這對我以後的工作也會有好處。」在深入的

調查後，她完成了此項工作，根據她的大綱寫出來的培訓資料深受歡迎。沒多久，小麗便被提升為所在部門的副經理。

你的同事離職了，你向老闆提出你可以處理他們的工作和你自己的工作，只要給你一個助手就行了。這樣，老闆就擁有兩個懂得如何處理這些工作的在位的人 —— 有個助手為你工作，你就成功地在地位上升了一級。

最簡便的方法就是發問。對老闆說：「我想學習如何運作買賣帳目。假如我放棄幾次午餐時間，我可以與小芳坐在一起向她學習這些知識嗎？」老闆很可能難以拒絕你的請求，並且你可以指出，將來出現緊急情況時，工作安排會變得相對容易一些。

除了增加你的技能以外，你還需要時時把握機會增加責任，你承擔的責任大小能夠決定你的級別。因此，永遠不要錯過做自願者的機會。「我可以做那件事。」這句話應該時時掛在你嘴邊。主動承擔與供應商的談判事務，或者自願處理貿易展銷事務 —— 預訂場地、協調印刷、預訂旅館等。

曾有這樣一個經典案例：薩克在著名的傳播機構任職時，他把注意力集中於一家電影製作公司，雖然該公司一直在虧損，但是薩克知道它可以轉虧為盈，為此，他提出一個計畫，建議電影製作公司賣掉電影製片廠，同時增加多媒體諮詢業務。上司對此大為讚賞，當即採用了他的建議，並任命他為新的多媒體部門的主管，就這樣，薩克為自己憑空創造了一個職位。

在沒有可得到的職位讓你晉升的時候，這種方法怎樣幫助你呢？你必須做的就是這件事。一旦這些新責任被確定成你工作責任的一部分，你就要求與老闆見面。向老闆說明，你認為你的工作頭銜不能反映你真正從事的工作，與其說你是公關部門助理人員，不如說你是公關部門管理人員。你已經對所做的工作增添了許多價值，你希望改變工作頭銜以反映和回報你所做

的努力。

你沒有要求晉升，但是工作頭銜的級別提高了。這種改變，事實上就是一種晉升。你也可以同時要求加薪。這完全根據你自己的意見而定。你可以要求一個更好的工作頭銜作為薪資審查的一部分 —— 也許你以這一頭銜來做交換，對你要求的薪資增幅進行讓步。不過你同樣可以把它作為一個獨立的請求。假如你認為本階段沒有合理的請求加薪的理由，你仍然可以要求一個更好的工作頭銜。一旦工作頭銜確立下來，你就可以依賴它。

為自己創造一個合適的位置，這種方法對小公司和大公司都非常有效。你的任務就是找出一個原本不存在的職位，然後提升自己以適合此職位。比如，如果你在行銷部門工作，而且你在講解方面很有經驗。你可以對你的老闆說：「汪某有希望成為一個很有前途的推銷員。如果我把他帶在身邊，多給他一些提醒，應該會對他有幫助吧？這樣的話，把他變成對部門真正有用的人不再是件困難的事。」

一旦你改善了汪某的績效，你同樣也可以對張三和李四這樣做。一旦進展順利，你就可以成為名副其實的主管了。

晉升並不是一個坐在那裡等來的結果，除了用傲人的業績打動上司，獲得傳統式的晉升外，你還可以把晉升當作一個難題，主動的來攻克它。晉升之道，和我們說服一個客戶、得到一份合約沒什麼兩樣。

有一種升遷是為了炒你

並非所有的升遷都是好事，有些升遷則是主管開除人的伎倆。軟刀子殺人是不見血的。明升暗降，讓你自己乖乖走人。「欲取之，先予之」，俗名叫

第五章 為什麼他晉升了，而我沒有

做「捧殺」——你爬得高，也就摔得重。

鄒凱是公司的客戶代表，工作能力強，手頭也有一些長期的客戶，因此十分傲氣，不把同事放在眼裡，也不把上級放在眼裡。部門開會，他一句客戶約他喝茶的理由，就可以不參加。甚至總經理讓他做點什麼，他都敷衍了事。甚至說，這種事情，交給下面誰不行，他們反正也做不了什麼業務，閒著也是閒著，偏要占用我的時間。

「解僱他！這樣的『獨狼』只會破壞我們這個團隊，連我這個總經理的話他都可以當耳邊風，還有誰能管理他？」總經理有天火大了，向市場部主管命令道。

「這個，我也認為應該讓他走，可是他手頭上一直拉著幾個重要客戶，如果他走了，恐怕沒人能馬上接起來。而且，他也許會帶著這些客戶去投靠我們的對手的。這樣董事會知道了，會以為是我們趕走了一個人才。」市場部主管說。

總經理沉吟了一下：「要是這樣的話……那我幫他升官總可以吧？」

公司成立了一個市場研究部，令大家意外的是，居然是由鄒凱出任主管。聽到這個消息，公司上下議論紛紛，有說總經理大人有大量的，有說這樣一個普通客戶代表突然升到高位，簡直是兒戲。但鄒凱卻意氣風發，現在當了主管，不用每天去跑業務，只要做好市場研究就行了。關鍵是職位高、薪水高、福利好。鄒凱認為這是自己應得的獎賞。

當然，自己手頭上的客戶不得不移交出去，不過這不是問題，既然自己已經擁有了一個部門，還計較那些東西做什麼。高興之餘，鄒凱倒也對原來的同事盡到了移交和指點之責。

可是，跑客戶是一回事，做市場研究，還有團隊管理又是另一回事。事

實也證明了，鄒凱不適合去做這樣的工作，手下的人也並不服他這頭「獨狼」，這個新起的爐灶兩個月了還生不起「火」來。他想找原來的部門主管幫忙先借用一些資源，人家說對不起，你現在跟我平起平坐，各有各的預算，也各有各的任務，還是自己解決吧。

鄒凱找到總經理，總經理說：「你既然是一部之長，就要獨立解決問題，如果還要我來幫你解決，那你又做什麼呢？」

董事會上，幾位理事也相當不滿，他們紛紛說：「一個金牌職員，不見得就是一個金牌主管，只見他在那瞎搞、花錢，卻什麼也沒給我們。」要求撤掉鄒凱主管一職。

鄒凱知道情況對自己不利，主動找到總經理，要求回到原來的職位。總經理說：「現在那邊的位置都已經滿了，資源也重新分配完畢。你原來的那些客戶，新來的職員也經營得特別好，不比你差。我看你還是先做做內勤，慢慢來，看主管給不給你機會。」

鄒凱不得已辭職了，到此地步，他只能是「淨身出戶」。因為他是一個失敗者，到了別的公司，別人也不會給他更好的機會，只能從頭做起。

「明升暗降」通常是炒高階主管的技巧，這種手段類似於查貪官，先把你從自己的「老根據地」裡拔出，晉升一級（當然，不消說，肯定是一個位高沒權的副職或者閒職），然後派去信得過的自己人，查你以前的劣跡。假使你以前屁股真的不乾淨，那麼不消多時，老帳新帳就會和你一起算了。如果以前做事還算仔細，沒有給人留下什麼把柄，那也沒有關係，職場上失去「根據地」就像一個飄零的浮萍。

假使你想混日子，儘管混，反正你下的賭注是自己的職業生涯，付你薪水的也是老闆而不是你的上司。如果你還想做點事情，那麼只能是自己提出

辭職，公司表示遺憾之後歡天喜地的送你出門。那種閒職上晃得越久，就越沒有市場價值，也越來越會感到憋悶。一些著名企業高階主管出走的案例，實際上大多都是屬於這種解僱技巧的。上司在對外的言辭上當然也會宣稱某某人的離去是公司的一大損失，但心裡難保不為自己不著痕跡的炒人手段沾沾自喜。

讓你去個不願意去的部門或者不願意管的地盤，那通常是對中階管理者的手段。對銷售經理，通常用得多的是削減地盤或者「發配」到很遠。這招通常很管用，尤其是後者，假使一個在大城市做得好好的銷售經理，並且家也在此處，硬是要外派到鄉鎮，並且告知「這是公司的決定」、「一切要以公司利益為重」。說這話的時候，通常潛臺詞也就是「這是我新官的決定」、「一切要以我的利益為重」。這種抬出公司利益高帽的炒人，也是逼人走的手段之一。

轉到其他你不願意去的部門，就算是相同的職位、相同的薪水，但是他們至少可以破壞你的心情，讓你去做並不擅長的工作。人是環境的動物，讓你離開熟悉的環境，這和上面說的讓你離開根據地，手法其實是相同的。

小心隱形的關卡阻礙升遷

畢業後，黃亮在一家酒樓找到了一份櫃檯的工作。那天黃昏，從門外走來一個夾皮包的中年男人，他把包包往櫃檯上一放：「我是來結 8 月 6 日晚上 3 號房餐費的。」黃亮遞出帳單，讓他過目。

他付款後突然問黃亮：「我想多要 10,000 元發票，可以嗎？」黃亮一愣：「這可不行，這發票都是我們已經報了稅的。」

「我用錢買，行嗎？」他問，「前幾天在另一家酒樓招待了幾位客戶，結帳時忘了要發票，到報帳時才發現，沒有發票，餐費要我自掏腰包的。」

那時，稅率是 7%，這就是說 7 塊錢可以購得 100 元面額的發票。他要 10,000 元，黃亮該收取 700 元。這錢，黃亮是可以揣入自己私人腰包的，因為發票的使用權只有黃亮一個人，而且沒有任何使用紀錄。700 元，相當於黃亮一天的薪水。

中年男人放了張千元大鈔在櫃檯上：「不用找了，你給我 10,000 元發票吧！」

黃亮的心驀的一驚，1,000 元，足夠買到 14,000 多元的發票，可黃亮，一個人的尊嚴呢？從此失去，也許永遠都找不回來了，黃亮的尊嚴就值 700 元抑或 1,000 元嗎？

「對不起，先生，我們酒樓不允許這麼做，如果你確實需要，待我向經理請示一下，好嗎？」

「那就不必麻煩你了，」他收起錢對黃亮說，「你們郭經理是我同學，改日我親自找他談！」

好險！黃亮若貪圖那些錢財，將來哪一天肯定是他們酒桌上的笑談。

這次考驗，黃亮走過了心靈上的險灘。如果，黃亮跌倒在險灘的那一邊，這是一次足以讓黃亮無地自容的考驗！

憑著穩紮穩打和得體的處世能力，黃亮被王總從櫃檯調到了辦公室，職務是辦公室主任。

沒想到上任的第一天，王總讓黃亮參與清潔洗手間的值班工作。黃亮起先替自己憤憤不平。在經過洗手間門口時，黃亮不經意間一想，古人的一句「天將降大任於斯人也，必先苦其心志，勞其筋骨」，給了黃亮某種暗示，也

讓黃亮茅塞頓開。

於是，黃亮第一次值班就把洗手間清潔得前所未有的乾淨。漸漸的，黃亮把清潔廁所當成了分內的工作，每一次都做到更好。

一個月過去。那晚，王總笑呵呵的拍著黃亮的肩膀說：「年輕人，你能理解我當初讓你洗廁所的初衷嗎？我是想讓你知道，無論是在辦公室還是做服務生，只有分工不同。人高貴在靈魂，而不在做什麼工作。你已用行動證明了這個道理，我很高興。」

廚房準備裝修一間點心房，需要兩噸沙土。王總把購買沙土的事交給了黃亮，並一再叮囑黃亮說：「沙土 400 元 1 噸，別買貴了。」

沙土裝完車付款時，卻發現沙土的價錢是 150 元 1 噸。黃亮一愣，這沙土價格怎麼也不能一下子降了 150 元啊！「你們沙場沙土最近降價了？」黃亮揣著一絲疑問。

「沒有啊，快兩年了一直是這個價。」收款員說。莫非，這又是一次考驗？

在報帳時，王總臉上那一絲不易覺察的笑證實了黃亮的猜測。

一週後，黃亮被正式任命為財務經理，全盤負責酒樓的營運。

世界上沒有一帆風順的事情。升遷這件事亦如此。上司對於下屬的信任，很多時候需要經歷一個漫長的過程。你要獲得上司的信任，你要獲得晉升，就必須好好表現。但是，很多時候，你想表現卻苦於無門，因為更多的老闆喜歡掌握主動權。他們不喜歡主動送上門的，而是喜歡當個獵者，布下陷阱，如果你警惕性足夠高，通過了這些隱形的關卡，你才會「在不自覺的狀態下」被「意外」的升遷。

第六章　自己的薪水為什麼總是這麼低

關於薪酬的賽局分析

要求老闆替你加薪，既要能鼓起勇氣，更需要採用揣摩與試探的策略。

在職場中，老闆與員工的關係歷來就是一對矛盾的統一體。對於老闆來說，他總是希望薪水少發一點，效率提高一點。對於員工來說，他總是希望薪水多拿一點，工作少做一點。在這種矛盾的賽局中，自然就會產生眾多的權衡與抉擇。

可以說，每一個職場人士，在與老闆進行賽局的時候一定是圍繞薪水進行的。一方要讓收入更適合自己的付出，而另一方則要讓支出更適合自己的贏利目標。但在這場賽局中，雙方如何才能獲勝呢？首先，作為員工，如果想要讓老闆替你加薪，那麼就必須主動提出來。你不提，不管用什麼賽局招數都沒用。

不過，當你在向老闆要求加薪資時，除了把加薪資的理由一條一條擺出來，詳細說明你為公司做了什麼貢獻而應該提高報酬之外，最重要的應該是

第六章　自己的薪水為什麼總是這麼低

確定自己提出的加薪數額。你提出的數額，應該超過你自己覺得應該得到的數額。注意，關鍵是「超過」。鑑於你與老闆之間的地位不平等，這就需要勇氣，事先一定要對著鏡子，好好練習一下這個「超過」的數額，這樣見了老闆就不會欲言又止、吞吞吐吐了。

在職場中，許多員工要求老闆加薪時，提的數額都不多，但是這種低數額的要求對他們有害無益。提的數額越低，在老闆眼裡的身價也就越低。這大概是人性的怪誕之處吧。標價過低的東西，比標價過高的東西更容易把買主嚇跑。反過來，如果提的數額合理而且略高一些，會促使老闆重新考慮你的價值，對你的工作和貢獻做出更公正的評價。你就算得不到要求的數額，老闆也可能對你更好，比如會改變你的工作環境等。他改變了看你的視角，了解得更清楚，所以會對你刮目相看。

你如果不在乎別人小看，就別要求提薪資，就是要求也是很小的幅度。那樣，你會發現分配給你的工作最苦最累，辦公環境最差，工作時間最長。總之，你要是不重視自己，也別指望老闆會看重你。要求的數額低，就是小看自己。

所以，在你與老闆之間形成的賽局對局中，老闆會綜合對你的能力和價值的了解，判斷出該替你加薪的幅度，並以此作為討價還價的依據。如果你的理由充分，又有事實根據，可能跟老闆對你的看法有出入，發生心理學的所謂「認知不一致」，老闆會設法協調一下這種不一致。但是，如果你不把這種「認知不一致」暴露出來，在加薪的對局中你就會處於下風，因為他一直抱著成見。你提供了不同的看法，就迫使他重新評價你，以新的眼光看待你，最後達成有利於你的和解的可能性反而更高。

綜上所述，當你要求老闆給你加薪的時候，既要能鼓起勇氣，更需要採

用揣摩與試探的策略。要求過高，老闆不會同意，還有可能炒你的魷魚，要求過低，又會使老闆看不起你。總之，在這場與老闆的賽局中，一定要掌握好尺度，否則過猶不及，便會後悔終生。

讓老闆加薪一定有方法

一年一度的績效考核結束了，按照公司規定，每位員工都可以再寫一份申請，註明自己期望的薪酬標準。

小趙寫道：「我的薪酬必須在 50,000 以上，這已經是底線了。」

小錢寫道：「月薪能否提高一點，至少要達到溫飽水準吧。整天為衣食擔憂，哪有心思工作呢？」

小孫寫道：「經理，我對薪水多少不太看重；只要公司給我鍛鍊自己、發揮自己的機會，如能有讓我鍛鍊的機會，就是不給錢，我也願意為公司發一份光、盡一份力。」

小李寫道：「經理，月薪的多少可以反映出公司對我的信任程度和重視程度，我很想知道我的月薪能有多少？」

如果換成是你，你會選擇哪一種申請方式？而究竟哪一種申請方式，才能最終贏得上司的心呢？

經理審閱後決定為小李加薪，他的祕書大惑不解。

「為什麼替小李加薪，而不是替小孫加薪呢？」祕書問道，「看起來小孫是一個更忠誠、更可靠的人啊？」

「是這樣的，」經理笑了笑說，「一個人的薪水觀可以反映出他的職業素養和修養。小趙對薪水看得太重，他憑什麼要求每月薪水 50,000 元以上？這

種員工只會為薪水工作。小錢是典型的只為領薪水吃飯，沒有更高的追求，當然也就不會在工作中發揮主動性和積極性了。小孫則是野心太重，對薪水滿不在乎而只求鍛鍊而已，這種人往往不會在一個地方待得太久，過一段時間就會跳槽而去。小李機智靈活，既要求高薪又懂得委婉，讓人覺得值得信賴。」

　　這位經理僅從個人要求薪水這一微小卻又敏感的小事上，看出下屬的心理特徵和個人特質，可見下屬的薪水觀直接會影響上司對他的看法。

　　誰不想得到高薪和加薪？對老闆表現忠誠，對工作盡職盡責，對老闆投其所好、曲意逢迎等，為的是什麼？當然是想升遷、加薪，自己能力的大小，要透過加薪和晉升才能得以表現。然而，很多人想加薪、想升遷卻總無法如願以償，這之中難免有對待遇認知不一的原因。這其中占主導地位的是個人的能力和貢獻，一般來說，你的貢獻越大，加薪升遷的機會也會比其他同事大。當然，只有個人的能力和貢獻，有時也不足以達到加薪升遷的目的，還要找些「捷徑」、耍點「花招」以影響老闆。

　　要求加薪要把握「火候」。既要講究時機和場合，也要講技巧。

1. 比如，當你剛完成一項棘手的任務時，老闆對你的出色表現予以誇耀和獎賞時，這時正是「機不可失」的好機會，要以堅決語氣和善的提醒老闆：「老闆，我想和你談談薪資的事。」一般來說，公司的加薪制度有規定，輪到該你加薪的時候，絕對不要猶豫。你可以列出過去一段時間的工作績效和優良成果，正式請老闆與你商談加薪之事。還有一個最好的時機，那便是當公司的業績獲得重大的、突破性的勝利，而老闆又沉浸在喜悅之中時，你開口要求加薪最容易獲准。

2. 在公司裡，如果你是一個舉足輕重、受老闆仰仗的人物，你可以運用

「辭職求去法」。你假意辭職，老闆必然怕你輕易離職，這時你便可講出加薪的意圖，老闆一般都會同意。當然這種方法帶有很大的冒險性。使用此法前，要先了解自己在公司的分量。如果你本來不受老闆喜歡，老闆正找不到藉口辭退你，那你的假辭職便成「假戲真做」了。同時，這種方法只能用一次，用多了被老闆識破後就不靈了。

3. 沒錯，你需要工作，但不要乞求。不妨多花一點時間和老闆做一番商談，記住一位人力資源經理說過的話：「要挺直腰桿，不要乞求別人給你一份工作。」

4. 當然，生活中有許多這樣或那樣的需求。但是務必記住，在職業生涯的頭幾年，應該多花一些時間在學習上，應該是在能夠最大限度的發揮自身潛力的公司中度過。如果你覺得你只不過是為了微薄的薪水而被人利用，那麼也許是你另謀出路的時候到了。不過，假如這是一個金錢與快樂兼顧的選擇，我想，你該猜得到我在這個問題上的立場了。

5. 無論用何種方法要求加薪，都要把握一個原則，那便是你用的方法要讓老闆覺得替你加薪是為了讓你更積極的替公司工作，而不是為了個人享樂。

你的薪水被誰「偷走」了？

有時候，我們面試很順利，你所要求的薪水，老闆居然全部答應了，簡直就像一個奇蹟。但是一旦時間久了，你就會發現他當時說話是多麼藝術：原則上講，絕對不低於這個數目，你放心，肯定要超出你的期望。事實上，你很少會拿到你當初談的那個價位。

第六章 自己的薪水為什麼總是這麼低

　　每個月領薪水的那天，當你少拿了錢卻被公司會計的「合理依據」說得一愣一愣的時候，你才會痛徹的感悟到什麼叫做「薪酬支付的藝術」。

　　如今，遭遇欠薪已不再是農民或工人的「專利」，不少上班族甚至中高層管理人員，也成為欠薪的受害者。尤其是一些民營企業，沒有規範的薪資制度，薪水怎麼發、發多少，都是老闆說了算。而且某些企業的欠薪手段比較隱蔽，即使是受過高等教育的人士，也意識不到自己的「錢袋」被人算計了。

　　薪水內情之一就是薪資打折。小冬成功應徵到一家公司擔任部門經理，工作合約上明明白白的寫著「月薪 35,000 元」，小冬對這個數字很滿意。但第一個月薪資發下來，竟然不到 20,000 元。小冬不解，去詢問財務，才知道公司有個不成文的規定，每月薪資按 60% 發放，扣去稅和保險，可不就只剩 15,000 多元了嘛。那麼另外 40% 什麼時候發？財務面無表情的拋出一句話：「這要看公司效益，如果效益好，年底一次性發給你，如果不好就不發。」自然，眼巴巴等到年底，公司一句「效益不好」，就把小冬幾萬塊錢的薪資一筆勾銷了。

　　有著類似遭遇的職場人絕不在少數。公司以效益不好做藉口，既能激發員工的工作熱情，又能扮楚楚可憐狀，堵住員工的嘴，還能省下好大一筆資金。一舉三得，何樂不為？

　　薪水內情之二就是不付加班費。少付甚至不付加班費，如今已是一些企業通行的做法。著名的一家會計師事務所曾爆發了一場持續兩週的勞資糾紛，其核心問題就是加班費。事務所的員工抱怨說，他們長年累月的加班，經常通宵達旦，卻得不到相應的補償。和事務所的員工相比，更多的職場人選擇了沉默。在某 IT 公司工作的小李一語道破其中緣由：「現在就業形勢嚴峻，又何苦為了一點加班費惹惱老闆，丟掉飯碗呢？」

　　薪水內情之三就是賴掉年終獎金。年終獎金也是員工收入的一部分，是對其工作的肯定，但法律並未就此做出具體規定。常有企業鑽這個漏洞，賴掉年終獎金不說，還把原因推到員工身上，最常見的藉口就是「你沒有達到業績考核標準」。許多上班族在蒙受了金錢損失後，還會為自己不佳的工作表現歉疚不已。小萬在一家外貿公司工作，老闆是他的一位故友。當初老闆邀他加盟時，和他口頭協定，雖然底薪不高，但每做成一筆訂單，就能按一定比例分紅，以年終獎金的形式給付。小萬做了一年下來，盤算著能拿到十幾萬元的年終獎金，沒想到老朋友卻告訴他，由於他的訂單總數沒達到要求，按公司規定，只能領取 20,000 元的過節費。

　　薪水內情之四是社會保險金上占便宜。一些企業還把目光投向了社會保險金，只要略使花招，就能騙得上班族乖乖入甕，占些便宜。不信？看看這個案例：小衛進入公司時，公司表示，會按每月 35,000 元的標準支付薪資，但在合約上只寫 25,000 元／月，因為這樣可以少繳些個人所得稅，對小衛更加有利。小衛感激公司的照顧，卻不知道，這樣做，保險金的基數便大大降低了。而且，當他因故離職時，離職補助金也只能按每月 25,000 元計算。以

為自己占了小便宜的上班族，其實被公司占了大便宜。

薪水內情之五是暗藏玄機的年薪制。初入社會的求職者，千萬別被「年薪數十萬」的承諾所迷惑，年薪制有時也暗藏玄機。有的企業到年底結薪的時候，巧立名目扣除各種費用，如請假一天就扣除 5 至 10 天的薪水等。七扣八扣，80 萬元的年薪也許到手只有 40 萬元。還有的企業當初發布的廣告上許諾「年薪 100 萬」，年底卻說，這個標準是針對高階銷售員而言的，普通銷售員的標準應降一個等級。

年薪制，關鍵在一個「年」上，然而你能否做一個整年卻是一個未知數，因為一些公司的慣用伎倆就是在年終前一個月突擊裁人，讓你有口難言。

除了平時每個月的精心扣除，最令人心痛的還是你的最後一次：好多企業會趁你離職結算時，「很不小心」的算錯，或者巧設名目宰你一刀，所以建議職場朋友們在另赴高就的時候，千萬保持一顆警惕心。

在老闆面前無公正可言

不要苛求主管能多麼公正。道理很簡單，無論社會進步到什麼程度，企業管理如何扁平化，企業永遠是個金字塔；既然是個金字塔，就必然會有上下之分。既然有上下之分，就必然會有不平等的現象存在。企業作為一臺利潤壓榨機，與追求「公平」相比，它更喜歡「效率」；在一個公司內部，如果沒有適當的等級制度和淘汰制度，它就會因為自己的「仁義」而失去競爭力，就會在競爭中遭到淘汰。因此，在現實生活之中，永遠不會出現你在書本上看到的那種「公平」。

小黃和小張同時進入到一家公司上班，小黃不善於言辭，但對工作踏實

認真，業績一直處在公司其他同事的前幾名。小張能說會道，雖然業績不是太好，但是由於在主管面前會說話，所以主管對他總是一笑而過。

但是，最近發生的事總是讓小黃鬱悶到了極點。

這天，小黃的主管來通知他，從今天晚上開始，小黃必須加班兩個小時。本來加班是經常的事，可是，讓小黃想不通的是 —— 小張為什麼不加夜班，偏偏讓我加班。小黃雖然不服氣，但是他知道現在要做的第一條是服從主管。所以小黃強忍下來踏踏實實的加夜班。

半個月後，小黃與小張合作的一個專案完成了，小黃為自己加夜班換來的成績而高興，而此時，主管卻在大會上點名表揚了小張，而對小黃隻字不提，小黃鬱悶了。

更讓小黃鬱悶的還在後面呢！

月底發薪水的時候，小張拿到了豐厚的獎金，而小黃卻只拿到了屬於自己的底薪。

小黃覺得胸口一陣陣絞痛……

追求公平是人類的一種理想。一味追求公平往往不會有好結果，「追求真理」的正義使者也容易討人嫌，有時候，你所知道的表象，不一定能成為申訴的證據或理由，對此你不必憤憤不平，等你深入了解公司的運作文化，慢慢熟悉老闆的行事風格，也就能夠見慣不怪了。

顯規則告訴我們要在公平公正的原則下做事，潛規則卻說不能苛求上司一碗水端平，尤其是老闆更有特權。公平，實際上只是領導者自由掌控的彈簧。

公平，這是一個很讓我們受傷的詞語，因為我們每個人都會覺得自己在受著不公平的待遇。事實上，這個世界上沒有百分百的公平，你越想尋求百

分百的公平，你就會越覺得別人對自己不公平。

　　美國一位心理學家提出一個「公平理論」，認為職工的工作動機不僅受自己所得的絕對報酬的影響，而且還受相對報酬的影響，人們會自覺或不自覺的把自己付出的勞動與所得報酬與他人相比較，如果覺得不合理，就會產生不公平感，導致心理不平衡。

　　還沒有進入職場之前，還在校園裡做夢的時候，我們以為這個世界一切都是公平的，不是嗎？我們可以大膽的駁斥學校裡面的一些不合理的規章制度，如果老師有什麼不對的地方我們可以直接提出來，根本不用有所顧忌。在別人眼裡，你是「有個性」和「有氣魄」的人。但是，進入職場之後，「人人平等」變成了下級和上級不可逾越的界限，「言論自由」變成了盡可能的服從。如果你動不動就對公司的制度提出質疑，或者動不動就和老闆理論，到頭來往往是搬起石頭砸自己的腳。

讓「頭頭」發現你的價值

　　如果你現在的工作是一件平凡得再不能平凡的工作，而你的理想是更有意義、更有價值的工作，那麼，你該怎麼辦？

　　是把當前的工作一直做下去嗎，還是應該站起身來，告訴你的上司你希望擁有更多的職責和責任？

　　小魏是一家雜誌社的主編，而她最初的工作僅僅是影印和掃描文件而已。現在，當她舒適的躺在高背椅中招募新人的時候，她最不喜歡聽到的一個問題是：「我什麼時候可以開始撰寫報導？」自己的親身經歷告訴她，那些乍看起來平凡無奇的工作，對於自己將來的發展多麼重要。

「萬丈高樓平地起。只有當一名新員工動作熟練的影印文件，並在恰當的時候把它交給恰當的人之後，我通常才會考慮他是否具備資格撰寫報導了。不過，許多人在這方面最容易犯的錯誤就是急於求成。如果他們對這樣的事情根本不屑一顧，我通常也不會把更重要的工作交付給他們。他們常常會反駁說：『我來這裡可不是當打雜的，我要當一個編輯。』是的，擁有自己的人生規畫和職業目標並不是一件壞事，但是，任何事情都需要按部就班。」

談到這一點的時候，她還形象化的把這個過程比喻成嬰兒學步：只有當嬰兒的一隻腳落穩之後，他才會抬起另外一隻腳；否則的話，他的整個身體就會失去平衡，如同青城派的弟子一樣「平沙落雁，仰面朝天」了。

回憶起自己剛剛開始工作的情形時，小魏坦言，自己只不過從事一些剪報、採集和歸納之類的工作，用現在時髦的話來說，就是「剪剪貼貼」。「剛開始的時候，我還覺得有些新鮮。可是，時間一長，我有點不耐煩了。我想，這種感覺和大多數職場人士一樣。」

幸運的是，一次轉機讓她的整個思考方式和職業生涯都發生了嶄新的變化。「當時，學習型組織正在風行，編輯部需要撰寫一篇有關學習型組織的專稿。我把自己平時的剪報瀏覽了一下，竟然找到了六七篇有關彼得・聖吉和他相關背景的文章，然後，我輕輕敲開經理的辦公室，把收集歸納好的背景資料和相關知識遞交到他的手中。於是，在下一週的星期一，一篇有關第五項修煉的文章刊登在了最新的刊物上。從那一天開始，我就不再思考諸如『難道我的工作就是做這個嗎』之類的問題了，而是對自己說：『我所做的每一件事都是整個組織獲得成功不可或缺的一部分。』」

「這讓我想到以前讀過的史丹佛大學棉花糖實驗。」小魏介紹說，「該實驗透過觀察 4 歲兒童對棉花糖的反應預見他們的未來。實驗方法是：研究人

員將孩子們帶到一間陳設簡單的房間，然後一個成年人進來把一塊棉花糖放在孩子面前說，她將離開 15 分鐘。她告訴孩子，如果在她出去的時候他沒有吃這塊棉花糖，回來後她將再給他一塊。儘管這是 2：1 的投資報酬率，但是對 4 歲的孩子來說，15 分鐘是一段很長的時間，而且周圍沒有人管，棉花糖變得讓人實在難以抗拒。

「經過追蹤調查發現，這些接受測試的孩子上高中時，會表現出某些明顯的差異：那些能夠以『堅持』換得第二塊棉花糖的孩子通常成為適應性較強、冒險精神較強、比較受人喜歡、比較自信、比較獨立的少年；而那些經不起棉花糖誘惑的孩子則更可能成為孤僻、易受挫、固執的少年，他們往往屈從於壓力並逃避挑戰。把這些孩子分兩組進行學術能力傾向測試，結果顯示那些在棉花糖實驗中堅持時間較長的孩子的平均得分高達 210 分，遠遠高出那些在棉花糖實驗中堅持時間較短的孩子。」

讓一個擁有文學學士學位背景的大學畢業生來剪報和影印，的確有些屈才，不過，她已經明白了自己和自己工作的價值 —— 對公司的價值和對自己的價值。當自己被迫做自己不情願的工作或者分外的工作時，我們可以選擇哭喪著臉，也可以選擇皺緊眉頭；但是，更積極的情況是，我們可以選擇一個發自內心的微笑。誠如小魏所言：「如果我們不帶一絲情緒的把工作完成，我們的工作效率和品質會更高，其他人 —— 包括我們的上司 —— 會對我們的勝任能力讚賞有加。」

美國一位職業生涯諮商師在《上司的遊戲》這一本書上曾說過：「像老牛一樣只知道埋頭苦幹已經不能對你加薪或升遷有所幫助了，你必須讓上司知道你的存在，要不然你就會被遺忘。」僅僅把自己的工作完成是不夠的，我們還必須讓自己成為公司、部門和上司的得力助手，讓上司欣賞和看重你，

而要做到這一點，不僅與我們的能力有關，還與我們的勇氣有關。

有人會坐在自己的辦公桌前等待其他同事稱讚自己的工作出色；有人會冥思苦想，希望其他同事與自己並肩作戰，分享自己平凡工作中的點點滴滴；有人甚至不敢或者不願和自己的同事打一聲招呼，自己把自己當作了一個陌生人。建議是，如同追求自己的女朋友一樣，如果你不是像傳說中的白馬王子一樣英俊瀟灑，最好主動的伸出手去。

工作就如同一塊誘人的棉花糖，你需要告訴自己：我今天所做的一切都是為了得到更多、更大、更好的棉花糖。

1. 你的職業生涯掌握在自己手中。如果你自己都不主動，那麼，還有誰會更加主動呢？回憶一下你談戀愛的情景，如果你不主動的伸過手去，把對面女孩的手握在自己的掌心，那麼，你又怎能成功的拉近彼此之間的距離，使你們的關係更進一層呢？如同有人說過：「你心儀的對象正在等待著被人愛；奇蹟就是，你可以是她所等待的人。你要做的就是主動出擊。如果發現別人的愛是真誠的，那麼我們就會予以回報。這是人的本性。你面對的第一個挑戰就是正視自己的內心，確定自己的感情是否是真愛：如果答案是肯定的，那麼第二步就是向對方表達你的愛。這兩者都要求你從一開始就採取主動，不能隨其自然。」

2. 也許，這可以看作是我們對於未來的一項投資。如果我們的公司表現出眾，這說明我們的工作出眾；如果我們的上司事半功倍，這說明我們的工作事半功倍。如果我們願意全心全意的投資進去，我們既完成了自己的工作，又證明了自己的價值，更重要的是，為自己將來的成功注入一筆報酬豐厚的投資。當其他人提到我們的時候，他們會這樣說：「他是一個好員工，工作非常出色。他知道自己應該做些什麼，而且總能出色的

完成。」此時，脫穎而出已經不再是一個遙遠的夢幻，如同一個女孩在把「體貼、細心、勇敢和負責」等詞彙與你關聯在一起的時候，你已經距離她的心扉不遠了。

自己的利益全靠自己爭取

在職場上，只有自己才能為自己的利益考慮，一味的屈從，勢必會造成軟弱可欺的樣子，從而讓有心之人有機可乘。

阿超是一家金融公司的職員，為人處世一向沉默無爭，只要是主管交給自己去辦的事情，就不假思索的答應下來。他認為，只要安分守己的工作，即使得不到升遷，也不會因為惹惱上司而被開除。也正是這一點，經理似乎從開始就對阿超特別有好感，不論開大小會議都帶著阿超，等到阿超業務稍有熟悉，就開始讓阿超接手做業務。阿超受到了經理的如此厚恩，做事就更加勤奮，任勞任怨。

有一天，經理把阿超叫到辦公室，告訴他說公司要辭退一個員工，自己不好意思去說，因為阿超和這位同事熟悉，所以希望阿超能夠去和他說。阿超二話不說，向經理打個包票，然後順利的完成了任務。還有一次，經理說他被另外一個部門經理氣得頭疼，自己不想再見到那個經理，下午的一個會議就讓阿超代為參加。阿超心裡十分高興，認為經理很看得起自己。在參加會議之前，經理在阿超面前動情的痛斥了那個經理如何的卑鄙無恥，如何欺負自己。讓阿超聽在耳裡記在心裡，開會的時候就處處找那個經理的不是。

但是，儘管阿超對經理如此信任和支持，經理卻並沒有因此而對阿超有多少的特殊照顧，阿超在他眼裡甚至沒有任何的地位可言。

　　過了一段時間，公司突然決定要裁減一部分人員，阿超本想著自己業績不錯，又和經理有深厚的關係，只要老老實實工作，肯定沒事。但是，經理卻突然直接找到阿超，給了他兩個選擇：一個是他可以做滿這個月並得到當月薪資作為賠償，但是要算公司主動辭退他，並記入檔案；另一個是自己主動辭職，但沒有賠償金，最多只發給他這個月已經上班的十天薪資算作補償。阿超幾近崩潰，他想不到這竟然就是自己在公司最終的結果。他隱隱約約猜測出了經理的意圖，於是十分不甘心，決定為自己抗爭一次。

　　這時，他開始把自己書櫃中塵封已久的法律書籍和公司簽訂的工作合約統統拿過來，徹夜進行了仔細而深入的研究，努力找出對自己有利的政策條文，然後又把自己應該得到的利益哪怕是丁丁點點，也都列出來準備向公司索討。但是，他沒有找經理，而是直接找到了總經理。

　　在總經理辦公室裡，阿超拿著相關文件，一改往日那種畏首畏尾的謙恭，沉著的說：「總經理，根據法律規定，用人單位應當根據勞動者在本公司的工作年限，每滿一年給予勞動者本人一個月薪資收入的離職補償。而在本公司的合約上又分明在這條之後加上了『工作年限不滿一年的，按一年計算』。如此一來，如果公司要辭退我，那麼我工作的前三年應該每年各有一個月的薪資作為我的賠償補償，而後面的時間雖然未滿一年，也應該按照一年計算再補償我一個月的薪資。所以公司至少應該賠償我四個月的薪資。另外，還有……」

　　也許是因為阿超的說辭有根有據，又是直接告到總經理面前，所以經理沒過多久就屈服了，同意賠償阿超四個月薪資的要求。可是沒過多久，阿超就發現自己其實應該獲得更多的補償。抱著「反正也到了『走人』的時刻，你無情我也無義，該是自己的一樣也不能少」的念頭，阿超再一次坐在了總

經理的辦公室裡。

　　他平靜的對總經理說：「我和公司簽訂的合約是到明年九月份才到期的，現在公司要辭退我，就應當提前一個月通知我。如果沒有提前通知，又希望我馬上就走，那麼還應當再賠償我這一個月的薪資。否則，我就到相關部門為自己討個說法。如果這個事情鬧了出去，我想誰也不會料到對公司有什麼不好的後果。相信我們誰也不想看到，是吧？」

　　阿超說完之後，靜靜的等著總經理的答覆。但過了一段時間之後，總經理卻突然大笑起來：「我本來沒有打算要辭退你，只是你們經理一再說你工作能力不強，不能為公司創造任何價值。但是，看到你如此堅持自己的利益，我覺得就憑你這一點別人所沒有的勇氣和堅持不懈的精神，我相信你今後一定會做出很大成績來的，所以，我決定不辭退你。況且，你對法律還有些了解，我還真不想把事情鬧大……」

　　爭取自我的利益不僅僅需要勇氣，更需要智慧。上述實例中，阿超因為主管的付出成了主管心中的定時炸彈，就是因為沒有在主管與自己之間定好位，從而讓自己成了一個潛在的「小人」，這是十分可悲的。另外，他在談判中還運用了另一種更聰明的手段，那就是為對方設置利益牌，誘導對方進入這個利益圈子裡邊，讓主管自己權衡到利益的輕重，從而做出有利於自己的決策。

　　在企業中，老闆要依賴員工，卻也要管理員工；員工要依靠老闆，卻也要協助老闆。所以說，老闆和員工相輔相成的關係勢必就註定了雙方之間的賽局關係。跟老闆開口，就是對這種賽局關係善加利用的藝術。

不要與同事討論薪水問題

「因為去打聽其他員工的薪酬，我就被罰了 1,000 元，我覺得太不公平了。」小海無奈的說：「我們為什麼不能知道其他員工的薪酬呢？」他們公司有規定，薪酬保密，要求員工之間不要打聽別人的薪資，也不能任意公開自己的薪資。每月 5 日發放薪水時，都是採用匯進薪資戶頭的形式，員工之間根本不了解他人的薪資，這樣就引起很多員工的好奇心。上週，他因為換薪資戶頭，去財務部領薪資單時，順便打聽了他們部門其他員工的薪資，並拿起放在旁邊桌上的薪資紀錄看了幾眼，結果公司認為他違反了規定，對他進行了處罰，還扣了他 1,000 元。

與小海相比，曉紅更委屈，她最近「莫名其妙」的失業了，於是她找到一位職業專家訴苦，她講述了被辭的原因。

一位同事和我在同一時間進入公司，同職位，基本薪資相同，都是在公司做管理工作。有一次她私底下問我薪資和獎金是多少。我想，妳要問，說說也無妨，就爽快的告訴了她，她當時的第一反應是：「什麼，妳的獎金也是那麼多呀！」我不知她當時為什麼要表現出如此驚訝的表情。事隔幾天，老總找我談話了，居然臭罵了我一頓，說我不該告訴同事關於我的收入情況。那位同事個人認為，她對公司的付出要多些，業績要好些，能力要強些，理應比我的收入高，應該給她漲薪資。即使不漲，也應該讓她的待遇比我高，言外之意是如果老闆不給漲薪資，就應該降我的薪資一樣。從那以後，那同事表現出對我非常不滿的態度。我不明白，是她自己要問，我說了實話，難道傷害了她，侵犯了她？退一步而言，我拿的是老闆的錢，又沒有拿她的錢，何以對我表現出如此態度，我不明白。

第六章　自己的薪水為什麼總是這麼低

　　最近這一次，另外一位關係非常密切的同事主動跟我說，她和老闆談過了，答應下一個月給她加薪。我說那是好事啊，恭喜恭喜。等到發薪水了，她問我的薪資和獎金是多少，我實話跟她說了，這一個月多發了 2,500 元獎金。她當時就很衝動的說：「大家的獎金都是一樣啊，我以為只有我才有呢。」她感覺她的整體薪資實際沒有漲，老闆只是以多發獎金的形式變相的替她加了薪水，同時也給我們大家都加發獎金了，應該是她應有的待遇！她認為這老闆對她不公平，說話不算話，就去找老闆鬧，非要老闆再加發薪水，結果惹怒了老闆，最後老闆炒了那位同事，可我不明白的是，他為什麼順帶也把我開除了。他當時說的辭退理由分明就是一個沒有說服力的藉口！

　　冤枉嗎？職業專家笑了，一點都沒有，薪資體系對於絕大多數公司來講都是最高機密，是不能相互談論的。

　　朋友和同事的薪資收入，對於大多數人而言，是一個非常敏感而隱私的話題，然而，我們的習慣是越敏感隱私的話題越是想知道！相信很多人都不是太清楚朋友和同事的收入情況，或許也不想知道他們的收入情況，各有各的生活方式，多與少都是老闆說了算，多是你的本事，多是你的能力。如果真要問，他們不可能跟你講實話，你也不會跟他們講實話。大家對於同事和朋友的薪資更多的是採取「感覺」、「猜測」、「試探性的問問」或含糊其辭的說什麼三五百或兩三千之類的話，透過多管道了解他們的收入和模稜兩可的回答。

　　薪酬保密在很多企業都存在，一般都採取直接匯入職工薪資戶頭的方式，連薪資單發放也要放入密封的信封。不但員工之間不了解他人薪酬，即使部門主管往往也不知道，只有財務部和主要負責人才知曉，特別是一些效益薪資較多的職位，如銷售、設計、企劃等。一般企業會將基本薪資和

效益薪資標準公開，也允許個人查看自己的薪酬評定過程，但是不許查看他人的。

為什麼企業熱衷薪酬保密呢？採用年薪制的企業是由於薪酬收入比較特殊，比如年終獎金占了年薪比例的 10% 至 50% 不等的情況下，則不宜公開。而多數月薪保密的企業是怕員工之間或者與其他相同行業人員比較後，產生消極心理。現在很多核定薪資標準都是業績評估，對於一些文書人員、內勤等職位不像業務員那樣，透過業務量就能看到個人成績，而這種上班制工作的評估通常會由企業負責人的個人意見和看法來決定，容易產生矛盾。另外，企業也是怕員工們將企業薪酬外洩到競爭對手那裡，導致同行挖人等問題。

美國一位金融專家認為，薪水保密可能掩蓋公司同工不同酬的歧視做法，最終得益者是老闆。

在薪資這件事上，很多公司都存在「恫嚇」員工：有的規定員工不得打聽別人的薪酬，有的告誡員工不得在內部或外部公開各自的薪酬，甚而宣布一經查實，違犯規定者要受到解僱等處理。其實公司雖不讓他們了解他人薪資，但員工們私下也有交流。很多員工都認為他們有權知道相互的薪資水準，既然公開了評定薪資的標準，為什麼不能公開最後評定的結果，越不公開越讓他們覺得薪資評定有不公平因素。問題是，有些員工恰恰相反，希望薪酬能保密。他們一般都是收入偏高或者偏低者，公開薪酬或擔憂受到其他員工妒忌和排擠，或怕帶來難堪，而且他們認為員工收入就跟自己的隱私一樣，應該為其保密。

基於此，要想在一個公司安生待著，你就最好不要和同事談論薪資，其實知道得越多，未必對你有利，而且除了引起情緒的波動之外，毫無意義。

你只要記住一條：你之所以選擇這家公司，並且留在了這個公司，就說明當初你認為這個「價位」還可以接受。而到了你覺得這個價位與你創造的價值不對等的時候，你只須直接找負責人談加薪即可，或者直接離開這家公司。總之，你沒有必要去向現在的同事打聽。

忌諱老闆只給頭銜不給錢

老闆赤裸裸的畫餅，第一次講的時候，或許好用。但是面對員工的二次進攻，這時候再繼續畫餅，意義就不大了，這時候老闆往往會使出另外一招：替你安置一個名銜，只升遷就是不給你加薪。讓你戴著高帽，任勞任怨的多做事。

小花是某建築裝飾材料有限公司行政主任。上週，她領了 25,000 元薪水，依然是普通行政人員的待遇，而以前行政主任的月薪是 32,000 元。金花特別鬱悶「為什麼升遷半年多，老闆還不給我加薪水？如果工作做得不好，那他為什麼要幫我升遷？」

半年前，工作出色的小花，由一名普通行政人員升遷為行政主任。這對工作僅三年的她來說，是很大的鼓舞。為此，她經常加班，甚至連週末休息都放棄了。升遷後第一個月，她發現薪資未漲，以為是公司內部制度問題，也未在意，依然埋頭工作。半年過去了，薪水依舊。

不知內情的同事，常開玩笑要她請客。當小花說薪資未漲時，大家都不相信：「怎麼可能？妳工作又沒出問題啊？」小花想不通了：「難道是我的工作不合格？可老闆明明在幾次員工大會上還表揚我的工作能力強啊。」

到底該怎麼辦？如果一升遷就跟老闆就薪水討價還價，多不好意思。「搞

不好的話，老闆還以為我太注重功利，不大氣。」但不說的話，小花心裡又很不平衡。她認為自己工作量增加了，擔負的責任也大了，應該拿到相應的工作報酬。

許多上班族都有類似苦惱。同事辭職後，主管讓你暫時代理此職，直到找到新人。這個期間，你做兩個人的事，不但薪資未漲，新人也遲遲未來，「不找新人，也應替我漲點薪水吧？」你在心底吶喊，老闆也是知道的。但是，你不叫出聲，他就裝作不知道。

升遷是件令人開心的事情，如果少了加薪，這份開心就要大打折扣了。至於老闆不加薪或者避而不談，升遷以後你一定找機會和老闆溝通一下這個問題。

首先，你要明確不給你加薪的原因，是需要時間確認你是否勝任，還是公司預算有限，或者老闆就是壓榨你，針對不同的原因，我們要考慮不同的辦法。比如老闆還不確認你是否能勝任，需要考察你一段時間，你就要知道老闆會用什麼指標考核你？期限是多久？大家有了統一的標準以後，你的努力才有方向，如果是跨國大公司，預算都是一年一做的，比如你在年終升遷，可能收入增加需要層層審批，在這種情況下，你需要理解老闆的苦衷，也要讓老闆知道你的辛苦需要物質加以肯定，不要忘記和老闆約定一個期限，希望老闆在什麼時間提高收入。

當然不排除很多私人老闆故意壓榨你，給你一堆工作，還是原來的薪水，這時候就要判斷升遷對你的能力提升或者長期發展是否有幫助，如果有幫助，雖然沒有增加收入，還是可以在這個職位做一年半載。因為一般故意壓榨你的公司規模都不大，你想從比較低的級別跳槽到大公司再做一個高職位的話，機會比較小，所以即使沒有增加收入，你也可以做一年半年，感覺

自己能力確實提升，這時候可以再尋找外面的工作機會。如果你判斷這個新職位沒有什麼幫助，就趕快做好尋找下一份工作的準備吧。

薪水觀會影響你的職業價值

薪水，不只是一個錢的問題，你對待它的態度，你談判的技術，將反映出你的職業素養。談薪水，不只是一個「賣身」的討價還價過程，也是高層對你加深了解的一個過程。遺憾的是，大多數人都認知不到這一點。

誰不想獲得高薪和加薪呢？對上司表現出心誠、投其所好、曲意逢迎，對工作盡職盡責等，為的是什麼？當然是想升遷、想加薪，即使是想在公司裡證明自己的能力，也得透過加薪和晉升來展現。

然而，許多人想加薪、想升遷卻總無法如願以償，其中難免有對待遇認知不一的原因。

比如：有的人不切實際，妄想薪水「一步登天」。個人薪水多寡與很多因素有關，如個人的能力和貢獻、公司業績狀況與上司的看法、社會的物價水準等。這其中占主導地位的是個人的能力和貢獻，一般來說，貢獻越大，加薪和升遷的機會也會比其他同事大，但是，假如你是新進人員，而且表現並不出色，卻想拿比別人高的薪水當然是不可能的。如果你想拿到月薪十萬，那必須「物有所值」，上司不可能白給你薪水。事實上，高薪收入往往是從低薪開始，如今月薪十幾萬的經理，過去也是從每個月只有兩三萬元的小職員做起。

當然，只有個人的能力和貢獻還不能達到加薪升遷的目的，還得走些「快捷方式」，要學一點「幾招」來影響上司，這也是本書要探討「洞悉上司」

的原因。

還有人抱著「待價而沽」的原則不放，一定要自己的薪水與其工作業績「相符」。原則上，的確應該如此，但實際卻不像原則那樣簡單，「相符」的情況非常少。雖說公司的利潤一部分是從你創造的價值中得來的，但你從公司那裡得到的不僅是薪水，還有工作機會和工作經驗，這對就業市場競爭十分激烈的社會新鮮人來說尤為重要。

但是，這也不是說薪水不重要，只是你必須對待遇保持正確而健康的態度。大多數員工都希望加薪，這很正常。然而對老闆來說，加薪就意味著要從自己的口袋裡掏錢出來給別人，一般來說，誰也不太願意。

這下子矛盾便出現了，一方想要加薪而另一方卻不願掏錢出來，怎麼辦呢？有的說：「算了吧，要求加薪，若技巧不好，反而會得罪上司，目前的薪水還勉強過得去，何必去開口要求，造成尷尬呢？」這種想法就太保守了，在職場，剛開始我們可以抱著學習的態度，但是最終我們是為了謀取生存利益而來。況且，按照按勞分配的原則，當你的付出逐漸增多，創造的價值逐漸增大，相應的報酬增加也是理所當然的。另外，如果你一再忍讓，姑息老闆，有你的負面榜樣存在，他也會考慮對別人如此，這樣既是對你不公平，對別人也不公平。所以必須持有正確的待遇觀。

有一名果農種了一棵蘋果樹，精心培育近十年，才結出新品種的蘋果。當他嘗了一個蘋果時便發覺又甜又脆，於是決定把這些蘋果與眾人分享。於是，他摘了幾個蘋果盛在籃子裡，把籃子放在家門前在旁邊立了一塊牌子，上面寫道：「歡迎免費品嘗！」過了好幾天，籃子裡的蘋果一個也沒有少。蘋果的主人覺得很奇怪，便去請教本地的高人，而後他把牌子翻過來，在背面寫道：「蘋果一個賣一塊錢！」不消幾天，整棵樹上的蘋果就全都賣光了。

　　你知道其中的原因嗎？這則故事中農人標示著蘋果可「免費」，讓人不免心生疑慮：「哪有免費給陌生人蘋果吃的傻子？那些蘋果一定很難吃，或者主人在玩什麼花招，還是不吃為妙。」唯有把蘋果標價來賣，路人才會相信蘋果是甜的，也才不會懷疑其中有詐，這便是蘋果能很快被人吃掉的原因。

　　同理，你也如同「蘋果」，如果「請人免費品嘗」，反而會讓人懷疑你的能力和才幹，所以，如果你要把這「蘋果」推銷出去，就要開個好價碼才行。

　　毋庸置疑，勞動力也是商品，你領薪水是你工作能力的價值。如果你不向上司要求高薪，上司倒認為你能力平庸。如果你認為老闆看到你的成績就會自動加薪，那你就想錯了。富有「人情味」的老闆是非常稀有的，即使他很清楚的看到你的業績和忠誠，也會假裝沒看見，畢竟加薪的錢是從他錢包裡拿出來的。既然這樣，你就要主動向老闆提出加薪。當然你的要求不能太「貪婪」。如果你獅子大開口，肯定會被老闆拒絕。

　　作為職場人，一定要樹立正確的薪水觀，既不要自輕自賤做義工，也不要過分要求太多。你的薪水不只是錢的問題，它還代表著你的職業影響力。你的薪水觀，在你的上司眼中也是一個考核估量指標。總之，薪水觀會影響到你的職場地位。

第七章　天上永遠不會掉下餡餅來

辦公室競爭正在進行

戰場上，為了尋求生存，人什麼手段都使得出來。職場上的競爭沒有那麼殘酷，卻一樣充滿心機。

小李與小杜在同一家公司上班。小李總是表現得對工作很沒有熱情，上班時一副懶洋洋的樣子。某日快下班時，小杜請小李幫忙做個行銷文案，小李說：「都下班了還做什麼呀，老闆又不會給加班費。我還趕著去和女朋友約會呢！」而小杜一人待在辦公室中，繼續寫他的行銷文案，次日交給經理，得到經理一番好評。

不久傳來一個主管職位空缺的消息，小李與小杜都有機會升任。小杜認為自己踏實肯做，貢獻大，主管之位非自己莫屬了。但人事命令下來後，大出小杜意料：竟是小李獲得了這個職位。原來，一向在小杜面前懶惰的小李從來就沒有懶惰過，他充分利用業餘時間去參加在職培訓，不斷充電；跟上司的聯絡也從來沒有停止過，上司一直看好他；至於他怠慢工作，那只是演

第七章　天上永遠不會掉下餡餅來

給小杜看的一場戲而已。

故事裡小李所耍的這種手段，在古代兵法裡稱為「暗渡陳倉」。

秦朝末年，政治腐敗，群雄並起，紛紛反秦。劉邦的部隊首先進入關中，攻進咸陽。勢力強大的項羽進入關中後，逼迫劉邦退軍。鴻門宴上，劉邦險些喪命。劉邦此次脫險後，只得率部退駐漢中。為了麻痺項羽，劉邦退走時，將漢中通往關中的棧道全部燒毀，表示不再返回關中。其實劉邦一天也沒有忘記一定要擊敗項羽，爭奪天下。西元前 206 年，已逐步強大起來的劉邦派大將軍韓信出兵東征。出征之前，韓信派了許多士兵去修復已被燒毀的棧道，擺出要從原路殺回的架勢。關中守軍聞訊，密切注視修復棧道的進展情況，並派主力部隊在這條路線各個關口要塞加緊防範，阻攔漢軍進攻。

韓信「明修棧道」的行動，果然奏效，由於吸引了敵軍注意力，把敵軍的主力引誘到了棧道一線，韓信立即派大軍繞道到陳倉（今陝西寶雞縣東）發動突然襲擊，一舉打敗章邯，平定三秦，為劉邦統一中原邁出了決定性的一步。

當你把這兩個故事連在一起的時候，你就更明白了什麼叫「辦公室如戰場」了。

戰場上，勝負代表生死，為了尋求生存，人什麼手段都使得出來，兵法成為人類智慧的精華。職場上的競爭沒有那麼殘酷，卻一樣充滿心機。要知道，每個人都有著不同的原動力，這使他盡力去進取。

也許你會發現你身邊有著一些生活懶散的人，每天都在「做一天和尚撞一天鐘」，得過且過。如果你認為他們是胸無大志、即將被淘汰的一群，那麼，我要告訴你的是，十有八九你錯了。他們之所以表現得懶散，並不是因為他們沒有志氣，而是因為他們認為時機還沒有成熟，還不宜輕舉妄動而

已。正如 5000 公尺的長跑，不到最後一圈，是沒有誰發力衝刺的。又或者，他如同上面故事裡的小李一樣，背地裡暗自努力，要趁你不備超越你呢。

無論你看到什麼，你都要意識到一點：競爭正在進行。

掌握辦公室的競爭規則

在自己力量還弱小的時候，千萬不要選擇過於強大的對手，以卵擊石不會有好的結果。

兩人在樹林中急急的趕路，突然從樹林裡跑出一頭大黑熊來，其中的一個人忙著把鞋帶繫好，另一個人對他說：「你把鞋帶繫上有什麼用？我們反正跑不過熊啊！」

忙著繫鞋帶的人說：「我不是要跑得快過熊，我是要跑得快過你。」

辦公室是一個充滿競爭的世界，這裡沒有田園生活，只有後工業時代的競賽。每個人都無可避免的把自己置身於一場場競賽之中，不是成功就是失敗。

同行如敵手，辦公室如戰場。在這個自然法則大行其道的世界裡，每個人都艱難前行，努力把自己塑造成一個強者。每個人都和身邊的人競爭著，力爭出人頭地。

研究競爭，就要弄明白以下問題：

競爭的需求 —— 雖然是競爭時代，但能夠不競爭的最好不要引發競爭。多一個朋友多一份力量。古軍事家就曾有言：傷敵一萬，自損三千。打了再漂亮的仗，對自己來說，都是一種損失。競爭，除非是不得不進行的，否則少競爭為妙。如果大黑熊沒有跑出來，兩個人還是做好朋友來得爽快。

第七章 天上永遠不會掉下餡餅來

　　競爭的動力 —— 讓自己存活下來而不是為了打擊對手。如非出於很強烈的需求，不要升級競爭。競爭在某種程度上會達成一種平衡，升級競爭則把平衡破壞了，形成惡性競爭。這對雙方都是不利的。

　　競爭的對象 —— 選擇好對手很重要。在自己力量還弱小的時候，千萬不要選擇過於強大的對手，以卵擊石不會有好的結果。最好能選擇弱小的對手，在打擊對手中成長自己。資本主義法則中有一條就是「大魚吃小魚」。

　　競爭的方向 —— 「快」、「好」、「能幹」、「聰明」都是相對的形容詞，有的時候，知道自己競爭的對手是誰非常重要。有一些人盲目的訂錯了目標，結果在相反的方向上用錯了勁，到頭來，只能是功虧一簣。所以，很多時候，你的成功決定於你是否懂得尋找捷徑。要成為頂尖人物，你不需要比所有的人強，只要強過自己的對手或者同行就行了，這樣就足以使你顯得出類拔萃。

　　競爭的方式 —— 最好是和平的，彼此之間做君子之爭。不要試圖去展現小人伎倆，因為小人伎倆太簡單，誰都會。你用小人伎倆去打擊了別人，別人也能用同樣的方法回敬你。辦公室中人需要明白的一點是：世界本來就是競爭的。在競爭中生活下來，保持一定的平衡，這個結果是最優的。相反，在競爭中大顯神威，逼得人無路可走，實質是一種很愚蠢的行為。

　　還是那句話：同行如敵手，辦公室如戰場。為了讓自己在辦公室中混得更好，為了讓自己的人生能有更大意義，參考一下軍事理論著作，學一點戰術本事，是很必要的。

　　有一點需要注意的是，大千世界，無奇不有。面對競爭，不同的人選擇了不同的方式。對於一些小人來說，沒有什麼手段是不符合道德的，只要能達成勝利，就什麼手段都使得出來。小人所占的比例，總該是比君子大

得多的。

身在辦公室的你，可要小心身邊的人了。說不定，他們哪個認為你和他形成了競爭，對他構成了威脅，欲除你而後快。落了什麼把柄在他手裡，你就吃不完兜著走了。

慎待辦公室深藏不露的人

小心對待這種人，並不是說他一定會傷害你，但他一定會是你最強勁的敵人！

深藏不露的人往往有很重的心機，他們表面上心如止水，可心中卻一直在算計著。他們所做的每一件事都有明確的目的，他們會在暗地裡不快不慢的實施他們的計畫。這種人往往比實際上看起來要聰明得多，但是不想讓別人知道這點，不管做什麼、想什麼都會盡量不被人察覺，然後出其不意、克敵制勝。

像這樣危險的人物，你身邊有嗎？還在等什麼？趕快找出你身邊那些深藏不露的人吧！

什麼都不計較的笑面虎

他們給人的感覺是容易相處，為人隨和，基本上從不發怒，不管是對誰，整天都堆出一副笑臉。天大的事他也不會表露在臉上，讓你完全猜不透他的笑是不是出於真心、他心中真實的想法是什麼。這樣的人雖然和誰都談得來，但他真正的朋友可能不是其中任何一個人。所以千萬不要認為他對你好，就表示他把你當「哥兒們」、「姐妹」，也許他只是想利用你而已。

第七章　天上永遠不會掉下餡餅來

在團隊中表現得很單純的人

他們給人的感覺就是沒有城府，想法簡單，做事也顯得有些緩慢、笨拙。但要小心了，也許這些都是他刻意偽裝出來的，因為只有這樣，他才不會被眾人所防備。他在團隊中充當著「好弟弟」、「乖妹妹」的角色，經常會打一些出其不意的牌。

給人感覺團體中可有可無的人

他們從不炫耀自己，極善於偽裝。他們根本不會理會那些你們談得熱烈的話題，因為他們對那些毫無興趣。但當所有人都遇到一個難題時，他們會不經意間說出讓所有人稱讚的妙方，讓這個問題輕鬆解決。這種人個性極強，不願意受到束縛，喜歡豐富自己的思想境界，喜歡透過旅行去開闊自己的視野，樂於在與人往來之中了解他人的想法、觀點，一不留神，就會成為團隊中最受矚目的人。

總是高高在上，看似桀驁不馴、不合群的人

他願意承擔繁重的工作，有過人的耐力。他意志堅定、有時間觀念、有責任感、組織能力強，重視權威和名聲。他的任何想法你都幾乎不會想到，也不會了解，但他的計畫卻在有序的進行著。等到他微笑著登上主席臺感謝大家對他的信任的時候，你恐怕還是一頭霧水。這種人自成一格，如果你不能小心應對，被他打敗是遲早的事。

給人感覺霧裡看花、孤僻怪異的隱形人

這種人喜歡獨來獨往，脾氣強硬、態度激烈。如果你不小心侵犯了他

們，那麼等待你的絕對是一場慘痛的教訓。這類人有強大的耐力，勇於迎接艱難險阻，生活的困難非但不會使他們感到厭煩，相反還會讓他們充滿活力。他們很難接受失敗，如果遭到了挫折，他們將會產生強烈的反應。但在他們的人生字典裡沒有放棄，他們會從零開始，憑著頑強的意志和堅忍不拔的精神，重新奔向成功。

崇拜物質、嫉妒心很強的人

他們喜歡與那些比自己聰明或比自己帥、比自己美的人來往。如果你是一個很優秀的人，就一定要多加小心了。當然，這種人也有優點，比如，他們很珍惜朋友，喜歡組織聚會或幫朋友籌辦活動，喜歡戶外運動，身邊通常不缺乏追求者。

老練、總被上司青睞的人

這種人常常背著同事做事，卻愛在上司面前表現。他們不管道路多麼崎嶇，總有辦法克服並順利度過難關。他們遭遇過的挫折比一般人多，也曾經接觸過一些難相處的人，所以他們比一般人經歷得多，也更老練。

以上所說的幾類人並不一定都是愛耍手腕、愛耍心機的小人，但他們就是有實力卻不願意暴露，往往有著比普通人更遠大的志向、比平常人更堅毅的性格，藏得深只是一種掩飾，是為了厚積薄發而做的準備。小心對待這種人，並不是說他們一定會傷害你，但他們一定會是你最強勁的對手！

以不爭為爭，莫能與之爭

不爭，你就不會被人當作眼中釘、肉中刺。你每打敗一個對手，就多了

第七章　天上永遠不會掉下餡餅來

一個敵人。

　　辦公室叢林法則認為，最上乘的晉升謀略是謂「不爭」。在辦公室裡的升遷大戰中，當眾人爭得不可開交之時，如果你保存實力，以不爭的姿態示人，反倒更有可能坐收漁人之利，一舉獲得成功。

　　均君原來只是一家股份制企業的普通員工，幾年前同事們誰都沒把他放在眼裡，可就是這樣一個不起眼的人，卻連連升遷，幾乎跌破眾人的眼鏡。

　　想當初他應徵時，連薪酬都不提。進入職位後，遇到別人不願做的工作也總是他痛痛快快的接過來。別人都說他傻，可他卻認為，主管站得高，看得準，安排得周全，聽主管的話永遠沒錯。在同事們的印象中，他從來不參與任何爭權謀利的事情。

　　兩三年過去了，均君工作很努力，但進步仍屬中游，他還是那樣不爭、不要、不急、不躁。

　　一年前，公司籌備成立一家控股子公司，上面的主管希望在公司內部提拔一個人來管理。一時間風生水起，許多人八仙過海，各顯神通，都想搶到這一肥缺。最初，主管想讓總經理的親信孟凡坐這個位置。但孟凡平日仗著自己的背景，誰都不放在眼裡，背地裡不知道得罪了多少高層。上面的主管左右權衡下來，最終還是決定讓均君來挑這個大梁。這主要是因為，主管覺得均君群眾基礎很好，沒有什麼野心，而且工作能力也很強，比那些寸利必爭、精於算計、勾心鬥角的人用起來更放心。再加上他早來晚歸的工作態度也讓上面某些主管留下了深刻印象，所以就定下了他。如今的均君已坐到了副總的位子上，成為公司舉足輕重的人物。

　　所以，不爭者，反倒是笑到最後的那個人。不爭，你就不會被人當作眼中釘、肉中刺，別人也不會去攻擊你，要攻擊你也沒有目標。當別人爭得你

死我活、相持不下時，就顯出你的分量了。要知道，你每打敗一個對手，就多了一個敵人，你前進的道路就多了一道障礙；你每幫助一個人，就多了一個朋友，多了一個擁護者，前進的道路就多了一分順利。不爭，更顯出一種職場大智慧。

可是很少有人能懂得這個道理，有些人為了爭一個科長、處長、局長的職位，機關算盡，鬥得頭破血流，每走一步，都發現後面的路更難走！

其實，辦公室裡常常會發生這樣的事情：一個位置，兩個旗鼓相當的人在競爭，各有各的強硬後臺。當僵持不下時，上級為了平息爭端，往往會提拔一個沒有後臺，也不想去爭的人來「上位」。所以，在權力的角逐中，「不爭」反而能夠爭取到更多人的支持。

主管通常都不喜歡野心過大的人，尤其是他還在位的時候，你如果迫不及待的表現出對權力的欲望，會招致他的警覺。因為他擔心你會不會因為急於追求權力，而不願再在他的手下屈就，他也不知道你會不會擅自使用原本屬於他的權力來謀取利益，而讓他背上黑鍋……同樣，周圍同事們通常也不喜歡和野心勃勃的人共事，他們會把你看成是潛在的競爭對手而加以防備。

不爭，才是爭的最高境界。有些人跑官、要官，主管還在考察他的時候，他就到處宣揚、炫耀，既想就此造成一個既成事實，也想透過群眾的壓力，使主管就範。這樣反而使主管警惕起來 —— 這樣一個善於爭功謀權的人，這樣一個虛誇浮躁的人，值不值得自己培養、提拔？

不要小看辦公室幫派之爭

如果你是一位辦公室新人，讓自己成為群體而不是特殊派別中的一員，

將是一項明智的選擇。

　　別看小小的一間辦公室，就是這方寸之間決定了你的事業發展，決定了你的仕途晉升，決定了你的工作去向，因為在這方寸之間充滿了派別之爭，充滿了利益之鬥。你稍不留神，就可能捲入可怕的爭鬥漩渦之中。

　　辦公室雖小，但要做到一團和氣實在是難。無論對老闆還是職員來說，辦公室的派別之爭都是一種挑戰。

　　在對待派別問題時，一個管理者往往要從好幾個角度觀察，才可能保持客觀和公允。在一家跨國大公司從事人事管理長達十幾年的王先生聲稱，在工作以外的時間裡，下屬職員做什麼事情都是不可以干涉的。但是，在辦公室裡可就要另當別論了。為此，王先生建議管理者們找一個把所有人聚集在一起的機會，例如，工作以外的社交場合或無須討論工作的午餐會，讓員工們有一個在輕鬆環境下相互交流的機會。即使產生了幫派，王先生告誡管理者們，確認一下仍然是十分必要的。

　　許多職員認為，能否成為幫派中的一員，對其職業生涯有著不可低估的影響。這種看法在一定程度上是正確的。的確，如果因為被一個幫派排除在外而無法得到最好的工作任務，這無疑是很挫傷積極性的。反之，因為一些你並不認為特別值得的朋友而被否定，同樣也令人感到難堪。

　　加入一個業已形成的小圈子是很困難的，但並非完全不可行。首先，你應該建立並且流露出自信。你可以邀請幫派的主要成員吃午餐，偶爾和他們一起去酒吧或咖啡館。然後，去找你的老闆，要求與幫派中的成員從事一個專案。但是請務必記住，不要表現得太急不可耐，太愛出風頭，否則你會一無所得。

　　而如果這個幫派欺負局外人，並且確實成為癥結所在，你就要盡可能的

用平緩的語氣把這個問題反映到老闆那裡。詳細闡述幫派對工作造成的不利影響，千萬不要以一種受害人的姿態來描繪你的職業和工作，如果你提到自己在感情上受到的傷害，那麼，你在老闆心目中的地位將受到削弱。

如果你已經身為幫派的一員，並感受到自己的工作表現因此而受到了影響，那麼與之保持距離將是十分重要的。工作之餘，限制自己的社會活動，例如與其他同事共進午餐，為幫派之外的人提供幫助。切忌在辦公室裡高談闊論你的週末是如何與他們共度的，那只會增加其他同事的反感。

如果你剛踏上新的工作職位，讓自己成為群體而不是辦公室的特殊派別中的一員，將是一項明智的選擇。

避免成為派別中的一員，還有助於你獨立思考，行事不受人左右。但我行我素也是不可取的。要獲得上司重用和他人認同，還要學會展示自己，善於推銷自己。

做「大豬」還是做「小豬」

做「大豬」固然辛苦，但「小豬」也並不輕鬆。

豬圈裡有一頭大豬，一頭小豬。豬圈的邊緣有個踏板，每踩一下，遠離踏板的投食口就會落下少量食物。如果是小豬踩踏板，大豬會在小豬跑到食槽之前吃光所有食物；若是大豬踩踏板，則小豬還有機會吃到一點殘羹冷炙，因為小豬食量小嘛。那麼，兩頭豬會採取什麼策略呢？答案是：小豬將安安心心的等在食槽邊，而大豬則不知疲倦的奔忙於踏板和食槽之間。

辦公室裡也會出現這樣的場景：有人做「小豬」，舒舒服服的躲起來偷懶；有人做「大豬」，疲於奔命，吃力不討好。但不管怎麼樣，「小豬」篤定一件

事：大家是一個團隊，就是有責罰，也是落在團隊身上，所以總會有「大豬」悲壯的跳出來完成任務。想一想，你在辦公室裡扮演的角色是「大豬」，還是「小豬」？

　　阿偉所在的發展部是全公司最核心的部門，每天大小事不斷，連個喘氣的時間都沒有。但公司規模小，這麼重要的部門，只配備了區區三個人。說來好笑，這三個人還分為三個級別：部門經理、經理助理、普通職員。很不幸，阿偉就是那個經理助理，不上不下，正好中間。

　　「經理的任務就是發號施令，他是『管理層』嘛！上面交給他的工作，他統統一句話打發：『阿偉，把這件事辦一辦！』可是我接到工作之後，卻不能對下屬阿冰也瀟灑的來一句：『你去辦一辦！』一來，阿冰比我年長，又是經理的『老兵』；二來，他學歷低，能力有限，怎麼放心把事情交給他？」阿偉只能無奈的嘆息，然後把自己當三個人用，加班完成上級的任務。

　　於是形成這樣的局面：阿偉一上班就像陀螺一樣轉個不停；經理則躲在自己的辦公室裡打電話，美其名曰「聯絡客戶」；而阿冰呢，打打遊戲，順便上網跟老婆談情說愛，好不逍遙。到了年終，由於部門業績出色，上級獎勵了20萬元，經理獨得10萬元，阿偉和阿冰各得5萬元。想想自己辛勞整年，卻和不勞而獲的人所得一樣，阿偉禁不住滿心不平，但是又能如何呢？如果他也不做事了，不僅連這5萬元也得不到，說不定還要失業，想來想去，還是繼續當「大豬」吧！

　　阿風是個聰明人，這是他為自己下的斷語。「從大學開始，我就不是最引人注目的學生。在學生會裡，我從不出風頭，只是幫最能幹的同學做些輔助性的工作。如果工作做得好，受表揚少不了我！」

　　現在阿風工作5年了，照樣奉行著這樣的處世哲學。「我就納悶，怎麼

會有那麼多人下了班嚷嚷著自己累？要是又累又沒有加薪升遷，那只能說明自己笨！我從小職員當上經理，一直輕輕鬆鬆的，反正硬骨頭自有人啃。」

「你這樣，同事不會有意見嗎？」有朋友問。

阿風眨眨眼睛，一臉神祕的說：「這就是祕訣了！你怎麼能保證總有人肯拉你一把？第一，平時要善於感情投資，跟同事打好關係，讓他們覺得跟你是哥兒們，關鍵時刻出於義氣幫助你；第二，立場要堅定，堅決不做事，什麼事都讓別人做。有些人就是愛表現，那就給他們表現的機會，反正出了事，先死的是他們。萬一碰上也不愛表現的人，對我看不慣，我會告訴他，我不是不想做，我是做不來呀！你想除掉我？對不起，我的朋友多，他們都會為我說話。」

阿風的理論一套一套，直把朋友唬得一愣一愣，但他似乎還意猶未盡：「我算什麼？比我更厲害的我都見過！以前公司裡一個妹妹，人緣挺好，就是做事情一塌糊塗。可每次做專案，她都能有驚無險的過關，為什麼？因為每次等她急得珠淚雙垂，總有憐香惜玉的男子漢挺身而出，幫她完成分內的工作。後來，她跳槽了。最近看到她，乖乖，都當副總了！還是長得漂亮好啊！」

看來看去，做「大豬」固然辛苦，但「小豬」也並不輕鬆啊！雖然工作可以偷懶，但私下裡，要花費更多的精力去編織、維護關係網，否則在公司的地位便會岌岌可危。阿偉為什麼忍氣吞聲？不就是因為阿冰是經理的老部下嘛。阿風又為什麼有恃無恐？無非是有人為他賣命。難怪說做「小豬」的都是聰明人，不聰明怎麼能左右逢源？

話說回來，這種聰明未必值得提倡。工作說到底還是憑本事、靠實力的，靠人緣、關係也許能風光一時，但也是脆弱的、經不住推敲的風光。「小

豬」什麼力都不出反而被提拔了，看似混得很好，其實心裡也會發虛：萬一哪天露了餡……再說，如果從事的不是團隊合作性質的工作，而是側重獨立工作的職業，還能心安理得的當「小豬」嗎？

錯誤是自己的，功勞是大家的

在職場，要記住一句話：功勞是大家的，責任是自己的。有榮譽一定要記住與同事們分享，千萬不要企圖獨自吞食。即使你憑一己之力得來的成果，也不可獨占功勞。一個人獨享成果，會引起其他同事的反感，從而會為下一次合作帶來障礙。

現代的社會是一個充滿競爭的社會。當我們踏入工作職位，我們面臨的就是同事之間的競爭。競爭的結果無非有兩種，一種是它可以讓你變得更優秀：另一種或者是你不適應這種競爭，最終被淘汰出局。對於一個剛進社會工作的人來說，也許對公司的一切都一無所知，這就需要你去發現，去了解周圍的同事。同時，周圍的人們也在注視著你，這是肯定的，要想立足，首先就是要用競爭的姿態去適應工作環境。但是，不要因為競爭而喪失良好的印象，這需要你有個良好的尺度去掌握。

每個人都希望自己與榮譽和成功連結在一起，但是，如果你無視別人，就很難在職場立足。因此，不要感嘆上司、同事和下屬度量的狹小，其實造成最後這種局面的根源還是在於你自己。在享受榮譽的同時，不要忽略別人的感受。其實每個人都認為別人的成功中總有自己奉獻的一份力量，而一個員工傻呼呼的獨自抱著榮譽不放，別人當然不會為他如此自私的做法而感到舒服了。

　　美國有個家庭日用品公司，幾年來生產發展迅速，利潤以每年10%至15%的速度成長。這是因為公司建立了利潤分享制度，把每年所賺的利潤，按規定的比例分配給每一個員工，這就是說，公司賺得越多，員工也就分得越多：員工明白了「水漲船高」的道理，人人奮勇，個個爭先，積極生產自不用說，還隨時隨地的檢查出產品的缺點與毛病，主動加以改進和創新。

　　職場的黃金原則就是要與同事合作，有福同享，有難同當。當你在職場上小有成就時，當然值得慶幸。但是你要明白：如果這一成績的獲得是群體的功勞，離不開同事的幫助，那你就不能獨占功勞，否則其他同事會覺得你搶奪了他們的功勞。

　　小陳是一家出版社的編輯，並擔任該社下屬的一個雜誌的主編。平時在公司裡上上下下關係都不錯，而且他還很有才氣，工作之餘經常寫點東西。有一次，他主編的雜誌在一次評選中獲了大獎，他感到榮耀無比，逢人便提自己的努力與成就，同事們當然也向他祝賀。但過了一個月，他卻失去了往日的笑容。他發現公司同事，包括他的上司和屬下，似乎都在有意無意的和他過意不去，並處處迴避他。

　　過了一段時間，他才發現，他犯了「獨享榮耀」的錯誤。就事論事，這份雜誌之所以能得獎，主編的貢獻當然很大，但這也離不開其他人的努力，其他人也應該分享這份榮譽，而現在自己「獨享榮耀」，當然會使其他的同事內心不舒服。

　　雖然上帝給了我們兩隻手一張嘴，但人們還是喜歡用嘴而不喜歡動手，無論在何時何地，我們總能看到一些高談闊論的人。他們總是炫耀自己的才能多麼的出眾，如果能按他說的計畫實行，必然能成就一番大事。這些人滔滔不絕，在自己空想的領域裡如痴如醉。然而，在旁人看來，那是多麼的可

笑和愚蠢啊。

　　所以，當你在職場上有特殊表現而受到肯定時，一定不能獨享榮譽，否則這份榮耀會為你的職場關係帶來危險。當你獲得榮譽後，應該學會與其他同事分享，正確對待榮譽的方法是：與他人分享、感謝他人、謙虛謹慎。

　　在職業生涯中，最圓滑的處世之道就是當你的工作和事業有了成就時，千萬記得不要獨自享受。要讓自己擁有團隊意識，摒棄「自視清高」的作風，換上「眾人拾柴火焰高」的職業意識。只要注意到這一點，你獲得的榮耀就會助你更上一層樓，你的人際關係也將更進一步。

　　如果大大方方的和同事分享功勞，一方面可以做個順水人情，另一方面上司也會認為你很懂得經營人際關係，而給你更高的評價。可是賣這份人情的手法必須做得乾淨俐落，不可矯揉造作，更不可對同事抱著「施恩」的態度，或希望下次有機會討回這份人情。所謂放長線、釣大魚，將目光放遠才是上策。

第八章　不要用舌頭砸掉自己的飯碗

說得好不如說得巧

為了實現辦公自動化，公司新購置了一批電腦及相關設備。在電腦安裝進機房後，老闆對機房安置空調機一事遲遲不予批准。

「公司的大部分同事都在沒有空調的情況下辦公，」老闆的意見是，「如果讓機房破例，就有失公平了吧。」

當然也有同事據理力爭：「安裝空調純粹是為了讓電腦正常運轉，而不是個人享受的需求。老闆應該考慮一下實情嘛。」

不過，老闆仍然不為之所動：「不行，不行。規矩既然定了，大家都要遵守。否則的話，你有你的特殊情況，我有我的實際條件，豈不亂套了？」

機房空調的事就這樣擱置下來。

電腦系統管理員小劉看在眼裡，急在心上，可是又沒有什麼好辦法。

過了幾天，老闆與同事們一起出去旅遊、參觀。

在一個文物展覽會上，老闆發現一些文物有了毀壞和破損，就詢問

解說員。

「這麼寶貴的文物，怎麼也沒有保護好啊？」老闆關切的問。

「這可不能怪我們，」解說員解釋說，「我們單位缺乏足夠的經費，沒有辦法讓這些文物保存在一種恆溫狀況下，因此，才會發生脫落、侵蝕等各種損壞。如果能夠配置一定的製冷設備，例如空調，這些文物就會保護得比較好。」

老闆聽後，不禁感嘆不已。

電腦系統管理員小劉恰好陪同老闆一起參觀，如果換成是你，你現在會做出什麼選擇，或者乾脆什麼也不做？

小劉悄悄走過去，乘機對老闆低語：「老闆，我們機房裡能裝空調嗎？」

老闆看了他一眼，粲然一笑，拍著他的肩膀說：「就你機靈，回去寫個報告上來。」

回來後，老闆果真批准了機房的要求，為他們裝上了空調。

別人費九牛二虎之力也沒有辦到的事，機房管理員一句話就解決了問題，不費吹灰之力。

現代心理學證明：人在情緒不佳、心有憂懼等低落狀態下較之平常更容易悲觀失望，思維遲鈍且惰於思考，情緒波動大並易產生激烈行為。

老闆也是人，也無法擺脫這一規律的影響。這就啟示我們，作為下屬，一定不要在老闆情緒不佳時進言；而在老闆心緒高漲、比較興奮時提出建議則會收到較好的效果。

雖然你所進獻的是「金玉良言」，但你也一定要注意時機和場合，看準時機獻妙策，不僅讓主管感覺你是善意的，是尊重他的，依舊服從於他的權威，同時使主管能領會你的意見，不會導致對你的反感。

　　把所提的建議與當時的情景連結起來，透過暗示、類比等心理活動的作用，則會對主管有更大的啟發。還有些相當成功的下屬提建議時善於接住主管的話，上承下轉，借題發揮，巧妙的加以應用，從而很好的觸動主管，達到自己提建議的目的。

　　下次想向老闆提建議時，看看當時的情景是否恰當，因為我們說話的時機往往比內容更重要：

1. 要為主管助興而一定不要讓主管掃興，其關鍵在於拿捏好合適的時機。當主管得到了極大的滿足而又餘興未盡時，你就不妨從他們最高興的事情說起，開始你們的對話，並逐漸引申到你所要談到的正題，提出你的建議來。我們有理由相信，有了前面良好的心緒做基礎，主管一定會認真考慮你的意見的。

2. 讓談話引人入勝。每一種談話，無論怎樣瑣碎，總要保持中心點，總要看場合、看對象、看時機，要能隨機應變，這樣才是一個受人稱道的職場高手。

3. 聰明的小孩子往往懂得在大人高興的時候提出自己的要求，而且，這時他們的要求多半會得到滿足。家長們在心情比較好的時候，為了不破壞氣氛，往往會比平時更加寬容大度。在職場上，上下級相處的藝術也是這個道理。下級若想從上司那裡謀取一點好處，首先得需要上司的首肯。在文化傳統影響下，事實上，每個上司都有一種「家長」傾向，都有恩威並舉的心理，那麼我們就不妨因勢利導，巧妙的加以利用，在上司春風得意之時，或提要求，或進諫語，必能收到意想不到的良好效果。

　　如同家長在時刻關注孩子的成長一樣，上司也無時無刻不在關注我們的一舉一動，因此，在任何一個細節上，我們都馬虎不得。

第八章　不要用舌頭砸掉自己的飯碗

避免被流言蜚語所傷

雖說古人早有「謠言止於智者」的忠告，但智者畢竟很少，謠言總是會被傳來傳去。

有人的地方就會有流言，學會處理它們是獲得成功的重要一課。最近某市對上班族進行了一次抽樣調查，竟然獲得了一些使人啼笑皆非、又頗值得我們深思的結果。其中當被問到「什麼是吸引你每天上班的理由」時，竟有相當一部分人在「不上班，就聽不到許多小道消息、謠言、流言、傳言和讒言」之後打了勾。

的確，在我們這個世界上，始終有許多人喜歡傳播一些可疑的謠言。在一個複雜而忙碌的工作組織中，流言蜚語、小道消息是少不了的。

「說閒話的人」，通俗的來講，是指一種「到處閒扯，傳播一些無聊的、特別是涉及他人的隱私和謊言的人」。換句話說，就是背後對他人品頭論足的人。雖說古人早有「謠言止於智者」的忠告，但智者畢竟很少，謠言總是會被傳來傳去。每個人忙忙碌碌的在一個辦公室裡工作，固然是為了公事，然而一起工作總要說話，說話也不可能光說正事，難免會講些題外話。其中有些閒談不僅很有趣，而且人們在背後談的也是有關同事的好壞。然而有些卻純粹是傷害他人的閒話，無論有意還是無意，這種閒話都是不可寬恕的：故意的是卑鄙，無意的是草率。何況有時「言者無心，聽者有意」，經過許多人豐富的想像，也許在一番穿鑿附會、改頭換面之後，謠言就產生了。再加上「說閒話者」捕風捉影，添油加醋之後，更使謠言的傳播速度加快，遠遠超過做事的速度。

傳播傷害他人的流言，有時是出於嫉妒、惡意，有時是為了藉揭示別人

不知道的祕密來抬高自己，這些都是極令人厭惡的事情。我們一旦發現自己想要說些不利於他人的話時，就應該立刻閉嘴了。要知道「己所不欲，勿施於人」。恐怕人人都能如此，才有望截堵流言。

「名譽是一個人的第二生命」，沒有了名譽，以後就無法正正當當的待人處事。

被流言蜚語影響，乃至毀掉了名譽的人自然悲憤、痛苦，而那些以害人損失好名聲為樂、經常傳播流言的人，在他毀人名譽的同時，也毀了自己的名譽，卻還不自知。老闆和同事也許還會聽他津津樂道的說別人的短長，可是也許內心深處早已充滿了輕視和鄙夷。久而久之，就再也沒有人輕易相信他說的話了，哪怕那是真話，這又何嘗不是自毀前程、得不償失？這些仁兄們最喜好的是玩「陰」的，他們從不拿工作或業績表現來正面交鋒，也沒什麼真槍實彈、真材實料，而是運用各種謾罵、造謠使對方為流言所傷，這正是「暗箭傷人」的最好寫照。

有人用這樣幾句話來描述組織中流言的性質：「言者捕風捉影，信口開河；傳者人云亦云，添油加醋；聞者半信半疑，真偽難辨；被害者莫名其妙，有口難辯。」也唯有組織中的全體成員互相信任與合作，人人做「智者」，才能破解這種惡性循環。

當然，並非所有的謠言都罪大惡極，「馬路消息」和「小道新聞」也是辦公室同事溝通的一種形式。此種傳言彷彿是辦公室裡的民意調查，你多少能從中獲得一些資訊。

另外，傳言有時也是一種預防性的警告，當一個人被各種傳言纏身時，應該有所警覺，從而調整自己做人做事的風格，以減少別人對其的議論。

但無論如何，任何人聽到關於自己的流言，心中都會極為憤慨，有些人

甚至會徑直去找「好事者」大吵一架而後快。可這樣處理的結果卻通常是兩敗俱傷。

面對流言蜚語，首先不宜暴怒，而應開心才是。要知道，已知的謠言也總比那些未知的謠言好對付，這至少證明你還很有分量，很有製造謠言的價值，被抬舉成議論的中心，而且還頗有討論度。

化解流言蜚語，說難也難，可說易又很容易。做人若行得正，又何懼影子歪？一個人如果操守無可爭議，沒有倫理上的失足、腐敗、頹廢，沒有私生活的出軌，被謠言傷害到的機會就會大大減少。

現代社會中的現代組織，人與事越來越變得錯綜複雜，微妙神祕，要想完全脫身、置身於一切流言之外是不可能的，幾乎很少有人能一生都不曾被人造謠中傷過，但我們必須相信，別人的嘴巴是長在別人的臉上，不可能管得了，但自己的耳朵卻是長在我們自己身上，完全有可能讓它去少聽少傳，更重要的是，手腳是在自己身上的，自己勤快些做事，以行動來對抗流言蜚語是最有效的。

大嘴巴必然有大麻煩

職場上，我們每天和同事、主管之間難免有話要說。說什麼、怎麼說，什麼話能說，什麼話不能說，都應講究。可以說，在職場上說話也是一種藝術。很多時候，有些人吃虧就是因為沒能管住自己的嘴巴。

崔麗大學畢業後到一家汽車銷售公司工作，與崔麗同在一個部門的還有另外三位年輕亮麗的女孩，與她們相比，崔麗年齡最小，不但沒有工作經歷，為人處世也沒有任何經驗。

　　俗話說「三個女人一臺戲」，崔麗的加入讓這臺戲更加熱鬧。四個女人每天一起吃午飯，一起下班，讓崔麗覺得自己身處在一個溫暖的小團體裡，可不久崔麗發現在表面團結的背後，多多少少還是能感覺到其間存在的一些矛盾。一次，同事顧梅單獨約崔麗吃飯時對她說：「李響這個人表面對妳嘻嘻哈哈的，其實她特別喜歡在背後跟主管打小報告，今後妳不要和李響走得太近了，上次我跟李響說了公司經理在用人方面的一些失誤，誰知道第二天李響就把我的話告訴經理，讓我特別難堪。」崔麗聽了非常吃驚，同時也開始提防起李響來。

　　過了幾天，另一個女孩馬玲和崔麗去酒吧，在喝了幾杯酒之後，馬玲對崔麗說起了自己求學中的坎坷經歷，讓崔麗覺得與自己的經歷很相似，同時也使自己和馬玲的心一下拉得很近，崔麗想也沒想，就對馬玲談起了顧梅對她說的祕密，崔麗還補充說：「這個祕密是我聽顧梅說的，妳不要告訴別人啊，只是我們關係好，我才告訴妳，我只想讓妳以後跟李響打交道注意點，有什麼話都不要當她的面說！」沒過幾天，崔麗被公司開除了，原因是經理發現崔麗在公司散播謠言，不但影響上下級關係，還影響了公司團隊關係。崔麗從經理的辦公室出來，她看到了馬玲、顧梅、李響三個人依然在辦公室裡有說有笑……

　　相信很多人都像崔麗一樣，習慣性的想到什麼就說什麼，很少仔細認真的去想一想所說的話，是否確實合理。尤其熱衷打聽一些小道消息，卻萬萬沒有想到小道消息很有可能是某些人故意放風出來的，如果你跟著繼續放風，像崔麗那樣，實際上是被人充當了一次工具，不但害人而且害己。此外，「大嘴巴」在任何企業單位中都是不可能受到重用的，因為沒人相信一個「大嘴巴」會嚴守企業的祕密。

第八章　不要用舌頭砸掉自己的飯碗

　　人們都喜歡在聊天的時候議論他人，但是在公司裡，不管和主管或同事都切記不要在背後議論他人，因為這是一種不明智的行為。

　　有的人無論在什麼環境中工作，總是嫌自己的工作不好，怒氣沖天、牢騷滿腹，總是遇見人就大倒苦水，覺得自己的工作賺錢少，或者是老闆不好。也許你自己把發牢騷、倒苦水看作是與同事們真心交流的一種方式，但是過度的牢騷怨言，會讓同事們感到既然你對目前工作如此不滿，為何不跳槽去另尋高就呢？

　　在工作當中，可能會有些居心叵測的人，或許是嫉妒你的某些優點，由於你說話不注意，可能只是無意的，沒有惡意，可是他就在主管面前添油加醋，甚至是自己杜撰來挑起是非，這樣為你的工作帶來很大的困擾和不快。

　　工作中要是到處充滿著流言蜚語，不管是說別人的還是說自己的，都是一種帶有殺傷性和破壞性的傷害，也是一種讓人很鬱悶的傷害，處在這種傷害中的人會很無奈，所以，從自身做起，不要讓自己捲入這種煩惱中，要是你非常熱衷於傳播一些挑撥離間的流言，至少你不要指望其他同事能熱衷於傾聽。經常性的搬弄是非，會讓其他同事對你產生一種避之唯恐不及的感覺。

　　每個人都要盡量的避免這種問題，就是堅決不要在背後談論別人。如果我們遇到了別人談論他人是非的時候，應該對同事善意的提醒，在聽到同事議論主管或其他同事的時候要及時的制止，遏制「是非」的傳播，更不要把「是非」傳到別人那裡。這樣不僅能營造一個健康、快樂的工作氛圍，也能不斷的提高自己的修養。

千萬別把話說得太滿

老闆將某事交給了一位下屬，問他：「有沒有問題？」不管難度有多大，下屬總會拍著胸脯回答說：「沒問題，放心吧！」過了三天，沒有任何動靜。老闆問他進度如何，他才老實說：「不如想像中那麼簡單！」雖然老闆同意他繼續努力，但對他的拍胸脯已有些反感。

這就是把話說得太滿而給自己造成窘迫的例子。把話說得太滿就像把杯子倒滿了水，再往裡滴就溢出來了；也像把氣球灌飽了氣，再灌就要爆炸了。杯子留有空間，就不會因加進其他液體而溢出來：氣球留有空間，便不會因再灌一些空氣而爆炸；人說話留有空間，便不會因為「意外」出現而下不了臺，因而可以從容轉身。

吃飯吃個半飽才有助於健康，飲酒飲到微醉才能體會到飲酒的快感。很多時候我們需要給自己留下一點空隙。留有餘地，才會有事後迴旋的空間。

第八章　不要用舌頭砸掉自己的飯碗

就像兩車之間的安全距離，要留一點緩衝的餘地，才可以隨時調整自己，進退有據。

如果你是個細心的人，你就會發現，很多人在面對記者的詢問時，都偏愛用這些字眼，諸如：可能、盡量、或許、研究、考慮、評估、徵詢各方意見等，這些都不是肯定的字眼。他們之所以如此，就是為了留一點空間好容納「意外」；否則一下子把話說死了，結果事與願違，那會很難堪的。

我們在工作中更應該注意。上級交辦的事當然應接受，但不要說「保證沒問題」，應代以「應該沒問題，我全力以赴」之類的字眼。這是為了萬一自己做不到所留的後路，而這樣說事實上也無損你的誠意，反而更顯出你的謹慎，別人會因此更信賴你，即便事情沒做好，也不會責怪你！

當別人有求於你時，對別人的請託可以答應接受，但不要「保證」，應帶以「我盡量，我試試看」的字眼。在日常生活中也應該如此，與人交惡，不要口出惡言，更不要說出「勢不兩立」、「老死不相往來」之類的話，不管誰對誰錯，最好是閉口不言，以便他日需要攜手合作時還有「面子」。對人不要太早下評斷，像「這個人完蛋了」、「這個人一輩子沒出息」之類屬於蓋棺定論的話最好不要說，自己的人生自己掌握，一輩子要走的路很長，誰都不能保證將來會是什麼樣。

說話不留餘地等於不留退路，要麼成功，要麼失敗的簡單邏輯已不適合複雜多變的社會。為此付出的代價有時是你無法承受的，與其與自己較勁，不如多用一些緩和語氣之類的說話方式。

用不確定的詞句一般都可以降低人們的期望值，你若不能順利的完成任務，人們因對你期望不高而能用諒解來代替不滿，有時他們還會因此而看到你的努力，不會全部抹殺你的成績；你若能出色的完成任務，他們往往喜出

望外，這種增值的喜悅會為你帶來很多好處。因此凡事要留有餘地，不要把話講得太滿，要收放自如，讓自己立於不敗之地，從而在適度和完美之間找到平衡。

張亮可以說是職場上的老手了，可是他所在的辦公室裡氣氛相當沉悶。在這個辦公室裡，同事們各忙各的，說話的聲音是詭祕而稀少，笑聲更是罕見。張亮是一個活潑的人，有時候在辦公室裡想放鬆一下，可是遇到這種所有人都沉默的情形，他就感到特別難受和壓抑。他常常忍不住猜測其他人不說話的原因，想來想去總是懷疑自己做錯了什麼，惹得大家對自己不滿。

偶爾，上司帶著女助理外出，辦公室裡的氣氛也會輕鬆一下，四五個人在一起以地下人員接頭的方式用最小的分貝聊一聊天，那時張亮的心情也會跟著稍稍放鬆一下。但是這種時候實在太少了，多數時間他都特別緊張，生怕做錯了什麼，每天小心翼翼，別人不講話，他也跟著群體像一隻沉默的羔羊。這樣的日子令他難以忍受。

不同的辦公室自然有不同的辦公室原生態。有的辦公室雖然每天工作忙碌，但工作的人心情很好。輕鬆愉快的辦公環境，和睦相處的同事，讓大家都有一種歸屬感，想在此留下來，為公司付出，也為自己的衣食住行而有收穫。如果大家都很容易相處，像朋友一樣，工作中營造出一種團結互助的精神，那是最理想的。

但多數時候，辦公室的生態都類似那位朋友所遭遇的。辦公室生態，從其形成來看，也是不同企業文化長期沉澱形成的，簡單來說，它是一個公司管理水準的呈現。人是天生的政治動物，你要適應這種辦公室生態，就必須能與辦公室各色政治人物和睦相處。你如果能做到遊刃有餘，無疑，你就成辦公室政治中的資深人物了。

第八章　不要用舌頭砸掉自己的飯碗

輪到你說的時候再說

進入辦公室，要學會說「官方語言」，有時還要「言不由衷」。

曹操赤壁兵敗後，哀嘆說：「如果郭奉孝（郭嘉）還在，我不會落到今天這個地步。」這話語明裡是在懷念郭嘉，暗裡卻是認為手下的謀士皆是酒囊飯袋的意思。

謀臣當中自是有人心裡不服氣。早在用兵前賈詡就曾建議曹操好好經營荊州，不必急著伐吳，他日水到渠成，孫權自然會來歸附。曹操如果採納他的建議，也就沒有後來的赤壁慘敗了。

曹操把戰船用鎖鏈連在一起時，程昱說：「船皆連鎖，固是平穩，彼若用火攻，難以迴避，不可不防。」曹操說冬天颳西北風，他們怎麼用火攻？

後來起了東南風，程昱告誡曹操小心，曹操說：「冬至一陽生，來復之時，安得無東南風，何足為怪！」

同樣的建議，如果是郭嘉提出，曹操自然會言聽計從，為什麼？因為郭嘉其人，曹操最為信賴，而其餘謀士的建議，在曹操心中就要大打折扣了。

韓非子早就明確指出，部屬不能隨便向上司進言，進言要慎重，否則會很危險。他列舉了 10 種導致危險的進言情況，其中一種是：為官的資歷不深，還沒得到君主信任時，如果把自己的才能全顯露出來，那麼謀劃成功，也不會受賞；如果謀劃失敗反而受到懷疑。

從這個意義上說，如果部屬沒有資格說話，談話的效力接近於零。

部屬說了激烈的話，老闆會認為很囂張，借題發揮，讓老闆心中不快，怎麼能接受建議呢？部屬說話高遠，老闆會認為言語浮誇、不切實際、賣弄學識，這樣的建議華而不實，當然沒用。部屬說話膚淺，老闆會認為此

人鄙陋庸俗，目光如豆，沒有宏觀，糾纏於細節，不能與之論事。其實這都是老闆的心理作用，因為部屬不被信任，所以金玉良言只被當作聒噪的雜訊而已。

孔子說：「不得其人而言，謂之失言。」主管不信任，部屬心中的話說了，痛快了，可是卻犯了「交淺言深」的禁忌，除了顯示進言人冒失，沒有修養外，沒什麼作用。

某人發現頂頭上司和女同事大搞婚外情，這件事已經成為辦公室裡的熱門話題，有人打算向上司「勸諫」。

且慢！此時心情不好的上司把這個部屬當出氣筒的可能性極大，會認為部屬是絆腳石、善妒者、謠言的始作俑者，結果「好心被當成驢肝肺」。

最恰當的做法是，部屬做個沉默者，如此最能表示對上司的忠心。不要就此事發表任何意見，更不要和其他同事一起竊竊私語。

再比如為了表示作風民主，幾乎每一個老闆都會對員工說：「歡迎大家提供任何新點子或者建設性的批評……」根據經驗，萬一員工把此話當真，那可大錯特錯了。很多老闆不但不喜歡所謂的建設性批評，甚至會刻意壓制改進方案。

做部屬的常常高估了老闆的誠意，低估了自己的天真。不信你去觀察，絕大多數老闆都喜歡「沒有聲音的人」，有太多意見或想法的員工，常常被歸入「非主流派」。把這樣的部屬「放逐」，老闆耳根就清淨了，因為他想聽的是他認可的建議。

上班族進入辦公室後，要學會說「官方語言」，有時還要「言不由衷」，並且要記住：輪到你說的時候再說。

第八章　不要用舌頭砸掉自己的飯碗

把話裹上糖衣再說出

如果工作中的衝突不斷加劇，爭執往往會演變為怨恨和憎惡，從問題的本源中脫軌而出，甚至任何解決問題的努力都會成為泡影，因為相互歸咎的遊戲往往會讓越來越多的人成為犧牲品。在這種情況下，即使你一點過失也沒有，最好以一種冷靜、平和、講求策略的方式處理各種誤會和責備，否則的話，衝突的浪潮也許會將你自身捲到漩渦中。

這種情形有點像乘坐一艘顛沛流離的小船，而一位偏執的乘客可能會責備是你帶來了可惡的風暴。當然，風暴不是由你控制的，而你也不是掌舵人，但是，這位乘客卻認為你就是一切的根源！你所要做的就是以平靜、鎮定的方式安撫這位乘客，否則的話，整艘船將會沉溺水底、埋骨他鄉。

現在，小段正在面臨類似的困境。他在一家非營利機構工作，而辦公室的兩位同事把整個機構搞得一團糟。其中一位叫做小濤的同事在上班的時候懶懶散散、晚來早走、自由散漫。別人半個小時的午餐時間，他非要花一個小時才能填飽肚子；而在他工作的時候，各種錯誤簡直是家常便飯，其他同事不得不放下自己手頭上的工作，收拾他留下的一堆爛攤子。當同事小瑞向他們的主管指出了小濤的種種劣行後，主管把小濤、小瑞都叫過來，召開一個小型會議討論小濤的工作績效問題。在會議上，小濤不僅斷然否認了小瑞的一切指控，而且倒打一耙，反說小瑞是在沒事找自己的麻煩。

為了解決這個問題，主管決定下週舉行一次部門全體會議，共同商討對策。

在會議上，小段提出了自己對小濤不良工作習慣的意見，印證了小瑞的指控並非空穴來風。於是，主管決定為小濤重新制定一份新的工作日程表，

一方面迎合了他的工作和生活習慣，另一方面也為了確保他每天都能把最有效率的時間段傾注在工作上。

然而，兩天後，小段發現小濤並沒有遵守新的日程表，而是繼續沿著舊工作習慣緩步前行。在和小瑞交流過之後，兩人找到小濤談了談。沒多久，小濤就說自己身體不舒服，要回家休息去了。

第二天回到公司，小濤決定向每一個指責他的人發起攻擊 —— 尤其是小段。

「小段，你過來一下。」剛到公司，主管就把小段叫到自己的辦公室，「有人說你利用職務之便收受他人賄賂，你知不知道？」

「這純粹是誣衊。」小段連忙分辯，「您是知道我的為人的，我怎麼會做這種事？」

「別急，我當然相信你了。」主管安慰他，「否則的話，我就不會先和你談了。不過，你要知道，其他人未必都是這麼想的。在這個事情鬧得滿城風雨之前，我希望你盡快搞定它。」

儘管小段知道這是小濤刻意編造的謊言，但是，他擔心萬一後續的調查工作介入其中，之前他曾經向小濤吐露過的個人小祕密將大白於天下，而這些無疑都是自己過去不堪回首的一道道舊傷疤。

在小段看來，小濤並不在意自己的惡意誹謗是不是真的，是不是有效，他唯一的目的只是在成為眾矢之的時候引發一場大混亂而已 —— 當然，這很可能會轉移大家的注意力，從而在根本上忘記了誰的工作效率高，誰的工作效率低。

如果換成是你，你會怎麼做？

1.　把小濤的無端指控和自己內心的祕密告訴主管 —— 至少要在這些祕密被

公開之前。這樣一來，主管可能會更理解小段的想法和立場，從而為他出謀劃策。

2. 和小濤坐下來談談，平息他的憤怒，伸出自己的援手，盡可能快的讓無端的指控消散一空 —— 即使這些指控純屬子虛烏有。

3. 靜觀其變。在小濤採取下一個行動之前不採取任何行動，因為當前的指控是毫無根據的。至於小濤會不會把自己吐露給他的祕密說出去，這還是個未知數，而且這也是小段最擔心的 —— 畢竟，這些祕密才是自己的軟肋。

4. 趕快找一份新工作，在風雨降臨之前退避三舍，以免無定的風雨讓自己灰頭土臉、落荒而逃。

5. 鄭重的警告小濤，如果他再恣意妄為的話，你將採取一切手段反擊對方，因為對個人隱私的侵犯將讓你名譽掃地、難以立足。

6. 這樣選擇的結果：

小段又是怎麼做的呢？

首先，他希望知道小濤無端指控的目的是什麼：是單純為了報復還是在威脅自己？他的指控是由於某種誤會造成的還是純屬無中生有、個人臆造？

如果小濤意在威脅，那麼，小段就可以因勢利導，在衝突繼續升級之前緩和局面、平息混亂；如果小濤誤會了小段，那麼，只需要坦白的澄清就可以輕而易舉的躲過暴風雨了；即使小濤是在惡意報復，化解和消除他的氣憤也並非是完全不可能的。舉例來說，如果他覺得自己過去的工作習慣只是多年來養成的，那就一時很難改變。他既不想給其他人惹麻煩，也不想影響部門的工作效率；但是，他缺少的恰恰是一份理解和尊重。如果是這樣的話，小段就有機會化解他心中的鬱悶，消除他心中的不滿了。

「小濤，有些事我想和你談談。」小段找到小濤後直奔主題。

「有什麼好談的？」小濤的回答不冷不熱。

「我想我們之間可能有些誤會。」

「誤會？」小濤搖搖手，「不可能。我對你一點誤會也沒有，別人我就不好說了。」

「你說的的確有道理。」小段盡可能迎合對方的意思，「也許我對你是有些誤會。」

小濤瞄了他一眼，彷彿在說：「你明白就好。」

「每個人的工作習慣都不一樣，」小段繼續說，「我們沒有必要強求別人和自己步調一致。」

「那是當然，儀隊也難免會走亂步呢。」小濤感慨的說。

「對啊。」小段發現對方的話語不像以前那樣充滿敵意了，「大家的目標是一致的，都是為了把工作做好，都是為了提高工作效率，是不是？只要能提高效率，只要能完成任務，選擇什麼樣的工作方式和工作時間並不重要。」

「要是每個人都這麼想就好了。」小濤心有戚戚然，「可是，好多人非要拿我來說事。」

「其實，我以前對你也存有偏見，把你當成了辦公室的一枚釘子。真的，如果我當時有什麼錯怪你的地方，我現在真的要說句對不起了。」小段知道自己承認得越多，就越容易得到小濤的諒解，「現在想想，我總是以自我為中心，完全沒有顧及別人的感受 —— 要是早能明白這一點，事情就不會成現在這樣了，是不是？」

「別這麼說，」小濤一臉堆笑，「你這麼說真的讓我很不安，我哪裡能

受得起啊？說實在的，應該說對不起的是我，我做事的時候還不是和你一樣？」

「那，我們就別推來推去了，」小段建議，「過去的就讓它過去吧，我們還是想想以後該怎麼辦。」

小濤凝神傾聽著。

「你看這樣好不好。」小段想了想，說，「我們辦公室每個人都在每天下班之前制訂一份明天的工作計畫，尤其是要寫清楚哪些事情要與哪些人合作才能完成。這樣一來，我們在第二天安排時間的時候，就不會因為某個人的耽誤而影響整個辦公室的效率了，是不是？」

「這個辦法不錯，」小濤點點頭，「我們的主管會同意嗎？」

「你就放心吧，」小段進一步消除他的疑慮，「我們幾個人一起建議，他會不給我們面子嗎？」

和小濤交談過後，小段總算放下了心頭的一塊石頭。

不過，以防萬一，他還有另外一套方案呢。

現在，他想知道的是：除了自己之外，還有沒有其他人（例如小瑞等等）被小濤指控過同樣的「罪行」呢？如果真是這樣的話，把他們找出來，和他們討論一下當時的情形，也許可以發現故事的另外一面呢。

事實上，不管指控是不是惡意誹謗，考慮到隱私和聲響，這些人很可能會對外界祕而不宣。如果對他們的指控僅僅是猜測而沒有絲毫的證據來支持，那麼，這些人多半會站在小段這一邊，成為同仇敵愾的同盟軍。

看完這個故事，你可能會問：為什麼小段在安撫了小濤之後，還要多此一舉，另外尋找同盟呢？

儘管在與小濤的會談過程中，小濤嘴上做出了某種承諾，表面上來看，

兩人已經達成了充分的諒解。但是，人心隔肚皮，小濤心裡是什麼想法，小段也沒有百分百的把握——既然他可以無端造謠，你就不能全盤相信他嘴裡說的每一個字。

當然，不到最後一步，小段始終沒有選擇針鋒相對。這並非是懼怕或者逃避，而是因為以相互諒解和解決問題的態度來面對爭端是最溫和、最有效的方法之一。事實上，除非所有的其他方法都沒有奏效，他不要輕易嘗試威脅對方以其人之道還治其人之身。畢竟，如果你現在可以重新和好、相處融洽，為什麼要提前挑起未來的爭端和報復呢？一旦你和對方口角相向，一場本來可以拖到明天甚至永遠不會爆發的戰爭可能一觸即發、早早開場，這是你希望看到的結果嗎？

明天會發生什麼，我們都不知道；因此，將今天的留給今天，明天的留給明天吧。

和對方談什麼威脅和報復，都如同手上握緊一把寶劍，嘴上卻說著和平一樣，這種心口不一的做法很難奏效。何況，小濤現在整個人就如同辦公室裡的一包炸藥一樣，任何一點刺激他情緒的舉動都會閃出一絲星火，引爆整個辦公室，當然，受傷最重的除了小濤之外，就非你莫屬了。

因此，即使小段本身一點錯誤也沒有，而小濤則是橫生事端的挑釁者，他也不得不盡力控制住問題的翅膀，而不是放任自流，讓問題逍遙而去，逃離他的控制範圍之外——如同平原走馬，易放難收。

同樣，如果你遭遇類似可能會超出控制的情景，一定要設法牢牢的掌握控制權。也許，把這種場景比喻成一團熊熊燃燒的火焰最合適不過了——你要做的不是火上澆油，而是尋找最近的水源在哪裡。換言之，用溫和的言辭來諒解彼此，用調停的手段來維護關係，而不是試圖用指控和威脅來煽

風點火。

　在問題還沒有演變為麻煩之前，最好參考以下建議：

1.　如果你面對的是一個怒火中燒的同事，那麼，你要做的第一步就是想辦法滅火。

2.　在他人憤怒多於理智的時候，你要讓理智多於憤怒。

3.　如同糖衣讓藥片不再苦澀一樣，溫和的言辭有時候才是平息辦公室衝突的最佳解方。

4.　盡可能的避免威脅對方訴諸法律，這些挑釁性的字眼，常常會讓已經蓄勢待發的對方立即發動一場誰都不願意看到的戰爭。

不要背後議論主管是非

　很多職場人有個通病，就是在公司午餐或者閒暇時，喜歡「交心」的議論上司的是非，一個不小心，這些議論也許會成為別人的成事跳板，又或許，被某人聽了去，傳到上司耳中，以後讓上司怎麼看你？所謂「禍從口出」，不是沒道理。

　小史是一家傳播公司很有才氣的企劃，由於自恃清高，他總是對老闆的創意不屑一顧，認為老闆的程度很差，所以經常在老闆背後跟同事們忍不住流露出對老闆創意的不屑。消息很快就被同事傳到老闆的耳中，於是老闆主動找他談話，誠懇的讓小史說出對自己的創意有沒有意見，對公司的業務有什麼建議，小史卻支支吾吾沒有談出什麼內容。這位心胸還相當寬廣的老闆認為小史簡直就是一個兩面三刀的人，當面不說，卻在背地說。老闆對小史的道德人品產生了懷疑，後來開始冷落小史，重要的企畫案從此再也沒有交

給小史來做，不久，小史離開了公司。

背地跟同事議論上司，很容易讓上司認為你是個兩面三刀的兩面派，人品不好。在工作過程中，因每個人考慮問題的角度和處理的方式難免有差異，對上司所做出的一些決定有看法，在心裡有意見，甚至變為滿腔的牢騷，有時也是難免的，但就是不能到處宣洩，否則經過幾個人的傳話，即使你說的是事實也會變調變味，待上司聽到了，便成了讓他生氣難堪的話了，難免會對你產生不好的看法。

「有時我們的認知是錯誤的，你認為他不如你行，只是你不了解他哪方面行而已。同事之間的相處要把握分寸，即使關係很要好，相互勉勵和促進是沒問題的，如果只是宣洩和發牢騷，就太不明智了。」一位 HR 經理如是說。

古代有個姓富的人家，家裡沒有水井，很不方便，常要跑到老遠的地方去打水，家裡甚至需要有一個人專門負責挑水的工作。因此，他請人在家中打了一口井，這樣便省了一個人力。

他非常高興有了一口井，逢人便說：「這下可好了，我家打了一口井，等於添了一個人。」有人聽了就加油添醋：「富家從打的那口井裡挖出個人來。」

這話越傳越遠，全國都知道了，後來傳到宋王的耳中，宋王覺得不可思議，就派人來富家詢問，富家的人詫異的說：「這是哪來的話，我們是說挖了一口井，省了一個人的勞動，就像是添了一個人，並沒有說打井挖出一個人來。」

就像上面的例子一樣，如果你在同事間議論上司的話，傳到上司耳中變成「打井挖出一個人來」，那麼就算你再努力工作，有很好的成績，也很難得到上司的賞識。況且，你完全暴露了自己的弱點，很容易被那些居心不良的人所利用。這些因素都會對你的發展產生極為不利的影響。所以最好的方法

第八章　不要用舌頭砸掉自己的飯碗

就是在恰當的時候直接找上司，向其表達你自己的意見，當然最好要根據上司的性格和脾氣，用其能接受的語言表述，這樣效果會更好些。作為上司，他感受到你的尊重和信任，對你也就多些信任。這比你處處發牢騷，風言風語好多了。所以議論上司不是一件該做的事情。

鳳美就有過這方面的教訓。那還是幾年以前的事，那時她在某公司當文書，公司的幾個主管都相當喜歡她，也願意與她交談，或讓她替他們辦一些私事。甚至公司的一位副總，對她也極端信任，有時把主管之間的一些事情也講給她聽。

她們部門有幾十個女同事，一些女同事為了升遷就想方設法巴結副總，副總對此十分反感。那時鳳美還很年輕，聽到這些事覺得新鮮、好奇，所以後來在與一個十分要好的同事閒談時，就把副總講的事情說了。沒想到，她的那位朋友把她的話一五一十的告訴了副總，後來她這位朋友如願以償的升了職，而鳳美則在副總找她做了一番貌似肯定實則否定的談話以後，離開了公司。

聽到同事在議論主管時，首先應以善意的態度勸告他們不要背後議論，不要擴大議論的範圍，更不要以訛傳訛，有意或無意的貶低主管或損害主管的形象；其次應盡量迴避對主管的議論，不得已做評價或說明時，也只宜點到為止，不要主動挑起話題，更不要添油加醋，以免引起不必要的猜測和誤解。在這個問題上，自己要有主見，要有一種不怕同事嘲弄、不怕孤立的精神。那種以為同事在議論主管時只有隨波逐流參與其中，才能與同事打好關係的認知是大錯特錯的。

防人之心不可無，說話必須看對象。有的人本身就是領導者的「紅人」，他們與領導者不分彼此，你在他面前非議主管，豈不是自投羅網。有的人

自私自利，專門搜集同事對領導者的不滿，然後在領導者面前請功邀賞，以達到個人的目的。對付這種人的辦法唯有裝聾作啞，不讓他抓住小辮子。總之，不論你是有意還是無意，在同事間隨便議論領導者最容易惹是生非，所以還是不隨便議論為上策。

閒聊要避開上司的軟肋

一句話可以興邦，也可以喪邦。一句失言足以毀掉你的業績和前程。

與上司閒聊時，我們常常認為自己跟上司關係不錯，內心似乎沒有上下級之分，所以說起話來往往就不會再深思熟慮，心裡想什麼就說什麼。可是往往一句不小心的話，也許就會讓上司大感不快，也讓你以前的努力前功盡棄。有些下屬感覺上司比較隨和，沒有什麼威嚴，於是見面可能直呼其名，說話做事可能反客為主；有些下屬認為平時上司很寵著自己，有比較深的私交，說起話來更是口無遮攔。有一次，一位老闆帶著他的助手去談生意，宴席上對方熱情招待。酒過三巡，對方試探著說當地女孩子長得不錯，沒想到那位老闆的助手當著眾人的面脫口而出：「我們老闆就愛這一味。」一下就讓老闆臉色鐵青，下不了臺。有時候，我們就是因為一句無心之語，為自己帶來了莫大的災難。

總公司的市場經理高潔初次來辦事處指導工作，中午請部門同事一起吃飯，席間談起一位剛剛離職的經理周芸，入職不久的趙芳說周芸脾氣不好，很難相處。高潔說：「是嗎，是不是她的工作壓力太大造成心情不好？」趙芳說：「我看不是，30 多歲的女人嫁不出去，既沒結婚也沒男朋友，老處女都是這樣心理變態。」

第八章　不要用舌頭砸掉自己的飯碗

　　聞聽此言，剛才還爭相發言的人都閉上了嘴巴。因為，除了趙芳，那些在座的老員工可都知道：高潔也是待字閨中的人！好在一位同事及時扭轉話題，才抹去高潔隱隱的難堪，而事後得知真相的趙芳則為這句話後悔不已。

　　都說言多必失，可言少也不一定沒有失誤。如果在錯誤的時間、錯誤的地點和錯誤的對象說了一句涉及具體人事的大實話，那後果真的堪比失言。有時甚至你背後說上司的那些話會很快傳到他耳裡，甚至要添油加醋得比你說的還要難聽幾十倍。要知道在當今辦公室中，你的發展空間並不完全取決於你的能力和業績，而取決於上司對你的主觀喜好。如果你在上司的心中留下了疙瘩，就算你費盡心思表現自己，也難以修補破損的關係，難以博得對方的好感。

　　有位員工，工作能力不錯，但就是嘴巴比較八卦，喜歡說三道四，喜歡搜集和製造一些新聞。部門經理跟他祕書關係相當密切，同事們私下裡雖有些懷疑，但一直找不到證據。有一天週末下著雨，那位員工在菜市場上看見經理和他祕書共打著一把傘在買菜，於是週一上班時，那位員工把它當作一則大新聞一樣向同事們宣布，結果在辦公室裡掀起了一陣風浪。經理聽到後大怒，自然對那位員工找了很多麻煩。

　　跟上司相處，你多少會知道上司的一些祕密，而且上司越欣賞你，跟你關係越密切，你知道的祕密就越多。這時候如果你無意間說到他的軟肋，傷到他的顏面，可能讓他覺得你是個心腹大患，自然你工作再賣力，他也不會欣賞你。

關鍵時刻說出恰當的話

要是你以為單靠熟練的技能和辛勤的工作就能在職場上出人頭地，那你就有點無知了。當然，才幹加上超時加班固然很重要，但懂得在關鍵時刻說適當的話，那也是成功與否的決定性因素。卓越的說話技巧，譬如討好重要人物、避免麻煩事落到自己身上、處理棘手的事務等，不僅能讓你的工作生涯加倍輕鬆，更能讓你名利雙收。牢記以下 10 句話，並在適當時刻派上用場，加薪與升遷必然離你不遠。

以最婉約的方式傳遞壞消息的句型：我們似乎碰到一些狀況⋯⋯

你剛剛才得知，一件非常重要的事情出了問題；如果立刻衝到上司的辦公室裡報告這個壞消息，就算不干你的事，也只會讓上司質疑你處理危機的能力，弄不好還惹來一頓罵、把氣出在你頭上。此時，你應該以不帶情緒起伏的聲調從容不迫的說出本句型，千萬別慌慌張張，也別使用「問題」或「麻煩」這一類的字眼，要讓上司覺得事情並非無法解決，而「我們」聽起來像是你將與上司站在同一陣線，並肩作戰。

上司傳喚時責無旁貸的句型：我馬上處理。

冷靜、迅速的做出這樣的回答，會讓上司直覺的認為你是名有效率、聽話的好部屬；相反，猶豫不決的態度只會惹得責任本就繁重的上司不快。夜裡睡不好的時候，還可能遷怒到你頭上呢！

表現出團隊精神的句型：老王的主意真不錯！

老王想出了一條連上司都讚賞的絕妙好計，你恨不得你的腦筋動得比人

家快，與其拉長臉孔、暗自不爽，不如偷沾他的光。方法如下：趁上司聽得到的時刻說出本句型。在這個人人都想爭著出頭的社會裡，一個不妒忌同事的部屬，會讓上司覺得此人本性純良、富有團隊精神，因而另眼看待。

說服同事幫忙的句型：這件事情沒有你不行啦！

有件棘手的工作，你無法獨立完成，非得找個人幫忙不可，於是你找上了那個對這方面工作最拿手的同事。怎麼開口才能讓人家心甘情願的助你一臂之力呢？送高帽，灌迷湯，並保證他日必定回報，而那位好心人為了不負自己在這方面的名聲，通常會答應你的請求。不過，將來有功勞的時候別忘了記上人家一筆。

巧妙閃避你不知道的事的句型：讓我再認真的想一想，三點以前給您答覆好嗎？

上司問了你某個與業務有關的問題，而你不知該如何回答，千萬不可以說「不知道」。本句型不僅暫時為你解危，也讓上司認為你在這件事情上頭很用心，一時之間竟不知該如何啟齒。不過，事後可得做足功課，按時交出你的答覆。

智退性騷擾的句型：這種話好像不大適合在辦公室講喔！

如果有男同事的黃腔令你無法忍受，這句話保證讓他們閉嘴。男人有時候確實喜歡開黃腔，但你很難判斷他們是無心還是有意，這句話可以令無心的人明白，適可而止。如果他還沒有閉嘴的意思，即構成了性騷擾，你可以向相關部門檢舉。

不露痕跡的減輕工作量的句型：「我了解這件事很重要，我們能不能先查一查手頭上的工作，把最重要的排出個優先順序？」

首先，強調你明白這件任務的重要性，然後請求上司的指示，為新任務與原有工作排出優先順序，不著痕跡的讓上司知道你的工作量其實很重，若非你不可的話，有些事就得延後處理或轉交他人。

恰如其分的討好的句型：我很想聽聽您對某件案子的看法……

許多時候，你與高層要人共處一室，而你不得不說點話以避免冷清尷尬的局面。不過，這也是一個讓你能夠贏得高層青睞的絕佳時機。但說些什麼好呢？每天的例行公事，絕不適合在這個時候被搬出來講，談天氣嘛，又根本不會讓高層對你留下印象。此時，最恰當的莫過一個跟公司前景有關，而又發人深省的話題。問一個大老闆關心又熟知的問題，讓他滔滔不絕的訴說心得，你不僅獲益良多，也會讓他對你的求知上進之心刮目相看。

承認過失但不會引起上司不滿的句型：是我一時失察，不過幸好……

有錯在所難免，但是你陳述過失的方式，卻能影響上司心目中對你的看法。勇於承認自己的過失非常重要，因為推卸責任只會讓你看起來就像個討人厭、軟弱無能、不堪重用的人，不過這不表示你就得因此對每個人道歉，訣竅在於別讓所有的矛頭都指到自己身上，坦誠卻淡化你的過失，轉移眾人的焦點。

面對批評要表現冷靜的句型：謝謝你告訴我，我會仔細考慮你的建議。

自己苦心的成果卻遭人修正或批評時，的確是一件令人苦惱的事。不需

要將不滿的情緒寫在臉上，但是應該讓批評你工作成果的人知道，你已接收到他傳遞的資訊。不卑不亢的表現令你看起來更有自信、更值得人敬重，讓人知道你並非一個剛愎自用，或是經不起挫折的人。

個人的祕密千萬不要亂說

「大家好，我是樂文蕾，叫我小樂就行了。今天第一天報到，以後還請各位多多關照。」

一隻溫暖的手臂伸過來：「大家都叫我小南，彼此都是同事，別這麼客氣。」

第一次的溫暖最讓人感動，到現在小樂還記得入職第一天小南的殷勤幫助和指導。

兩人的關係越來越好，簡直成了秤不離砣的形影。

把她們拉到一起的是彼此身上的共同點：兩個人都來自同一個城市，同樣都是 25 歲，都喜歡在週末的時候看電影，就連最喜歡穿的衣服牌子都是相同的。慢慢的，兩人中午的時候開始一起吃午飯，在下班之後經常互通電話，告知對方自己當前的專案進展如何，有什麼前期規畫以及遇到了什麼麻煩。

幾週過去了，小南開始更多的和小樂分享自己個人生活上的細碎瑣事。有一次，小南告訴小樂她最近剛剛和自己的房東吵了一架，原因是住在隔壁的鄰居太吵了，讓她根本沒有辦法靜下心來休息。可是，鄰居欺負她是一個外地女孩，根本不拿她的意見當一回事。無奈之下，她只好找到房東，希望他出面調停。不過，房東卻是個和事佬，誰也不肯得罪 ── 何況，鄰居是一

輩子的事，而房客畢竟是一時的事，房東也明白深淺輕重、得失利弊。

於是，小南詢問小樂，是不是該少交一部分租金作為補償或者是採取其他的方法呢？

還有一次，小南到照相館拍攝了一組寫真，但是，她抱怨說拍攝的燈光和角度都不盡如人意，而且還白白浪費了她許多寶貴的時間。於是，小南決定不付給照相館一分錢。現在，照相館決定要將小南告上法庭，於是，小南只好向小樂徵詢意見，看看她有沒有什麼良謀妙策。

當小南像相知多年的好朋友一樣把自己的點點滴滴分享給小樂時，小樂忽然覺得自己心裡多了一份依靠，於是，她也開始講述自己和生活中的一些故事，例如與賣電腦的銷售員討價還價、誤解了前任老闆的指令以致被炒魷魚等等。

幾個月後，小南的努力工作換來了應有的回報：銷售業績倍增，職位一升再升。當然，作為一位知心朋友，小樂很為自己的閨中密友感到高興。與此同時，小南在午飯的時候開始談論一些同事的話題，例如，別看他們都在同一個部門工作，但是哪些人能夠完成公司的銷售指標，而哪些人則常常會扯部門的後腿。隨著話題的深入，小南有時候也會抱怨其他部門的同事，例如，有人在推薦客戶的時候良莠不分，讓她白費了一番力氣。

而小樂呢？除了是一位忠實的聽眾外，還與小南分享了自己的支持、建議、同情和信任。

不過，小樂從來沒有考慮過當一位忠實的聽眾合適不合適──不用說，她更沒有考慮過把自己的祕密分享給對方會不會埋下什麼隱患。相反，當小南把自己的祕密一吐為快時，她反而覺得很榮幸──並不是每個人都有機會讓對方對酒話衷腸的，何況，看起來小南步步高升、官運亨通，說不定直上

第八章　不要用舌頭砸掉自己的飯碗

青雲指日可待呢。

　　但是，誰也沒有想到兩個人關係中間會出現一條涇渭分明的裂縫。有一天，小南和小樂為一位大客戶發生了口角，兩個人都認為這個客戶該由自己負責。

　　「妳這分明是搶我的客戶嗎？」小南憤憤不平的說，「那個地區一直是我負責的。」

　　「我知道，我當然知道。」小樂忙著為自己分辯，「可是，這是我一位客戶介紹給我的，怎麼算是搶呢？」

　　「不是搶是什麼，難道是偷？」

　　「妳怎麼能這麼說？」

　　「我怎麼了？」小南不依不饒，「妳說是客戶介紹的，有什麼憑據？再說了，兩個地區距離十萬八千里，客戶怎麼會介紹給妳？」

　　「我沒有騙妳啊，南姐。」小樂仍然希望平息矛盾，畢竟小南現在正處在加官晉爵的快車道上。

　　「這可不一定，」小南的嘴角淡淡一笑，「妳的上一份工作就是被老闆開除的，誰知道是怎麼回事？說不定就是因為妳偷別人的客戶呢？」

　　陳年舊事一下子翻了出來，讓小樂猝不及防。

　　「妳……」她急得說不出話來。

　　「被我說中了吧？」小南還在一旁說風涼話。

　　「我……」小樂的臉漲得紅紅的，她最不能忍受的就是別人的誣衊和誹謗了。「妳就很好？和自己的房東都搞不定關係，住的地方都雞犬不寧。」

　　小南的臉色馬上變得刷白，她「噌」的站起身：「少管別人的事，還是照

顧好妳自己吧。來公司都快半年了，妳看有幾個同事願意搭理妳！」

兩個人的爭吵越來越激烈，不堪回首的往事一下子大白於天下。

小樂這才發現，小南將自己所有的祕密都看作是矛頭對準的弱點。之前，她從來沒有意識到這一點，這都是因為她樂於助人的性格，以及她對找到一份真摯友情的渴望。

但是，現在，她驀然發現自己卻恰恰處於天平的另一端：小南開始把她視為一個工作態度和工作觀念有問題的人。儘管兩個人仍然在同一間辦公室工作，但是，共進午餐和頻繁通話已經一去不復返了。

更令小樂感到不安的是，小南很快與剛剛入職的新同事建立了同盟：她們一起用餐、一起討論、一起玩樂。

「她們在閒聊的時候可能還會是那些話題。」小樂猜測，「如果她們談到我，她們會怎麼說呢？」

萬一小南的快車道一帆風順，成了自己的頂頭上司，結果會怎樣？這也許是小樂最擔心的。

那麼，如果換成是你，你會怎麼做呢？

1. 從一開始，也就是小南在私下場合分享一些祕密的時候，提醒她改變話題，這是因為你覺得必須將個人關係與工作分開。

2. 如果問題已經出現了，與小南進行一次坦誠的對話，努力消除兩個人存在的隔閡、誤會和矛盾，從對立走向和平。

3. 與最近剛剛入職的新同事打好關係，這樣一來，小南就無法讓她們站在你的敵對面了。

4. 留意觀察小南工作方面的疏忽和漏洞，找機會告訴你的上司或者老闆，讓她的升遷之路多幾分坎坷或者就此中斷。

5. 讓小南知道如果她利用你的祕密對付你的話，你也許會以其人之道還治其人之身。

6. 或者你思考一下，還有沒有更好的解決辦法？

　　這樣選擇的結果：

　　事實上，小樂選擇了第二個方案。她找了一個相對輕鬆的時間，約小南一起坐下來聊聊天。

　　「我希望我們彼此都尊重過去我們提到的各種小祕密，畢竟，這是我們兩個人的一段記憶，誰也不能把它們抹去。」小樂直言不諱的說，「但是，我這麼說並不是要脅或者威脅，而是為了消除我們可能存在的某種誤會。就工作而言，您是我的前輩，又是我的工作榜樣，我知道我上次處理的不周全，希望您能和我靜下心來好好談一談。」

　　怎麼樣？話都已經說到這裡了，對方難道還會騎在你的頭上作威作福嗎？不會，因為你已經告訴對方她是你的工作榜樣，她自然要拿出榜樣的樣子來給你看一看 —— 至少，在你面前她會這麼做。

　　一場看起來壓在頭頂的風雨消弭於無形之中，儘管小樂和小南也許再也無法重拾過去形影不離的友誼，但是，至少，她們之間的裂痕不會繼續擴散下去，最終一口將某個犧牲品吞噬其中，永無翻身之日。

　　看完這個故事，你可能會說：「如果從一開始，小樂就急流勇退，也就沒有後來的麻煩了。」

　　話說得沒錯，但是窺探他人的祕密似乎是大多數人身上最致命的弱點。當你聽到辦公室最駭人聽聞的流言時，你的身上就會不自覺的充斥一種權力感和優越感：為什麼她不把這些祕密告訴其他人呢？那還不是因為她認為我忠誠、可靠、親近？

一旦有機會打聽到別人的私事，大多數人馬上會豎起耳朵，拍胸脯保證只我一人知道絕無後患。然後就準備進入狀態：女人們通常帶好眼淚和面紙，男人帶上酒精和同情心，興高采烈，就像小孩子看電影一樣興奮，而後面的影片大多是賺人淚水的悲劇或者拙劣不堪的喜劇。不過，這並不重要，看電影時的黑暗環境足以讓所有的人滿意。

你可能沒有意識到，當他人與你分享祕密而你也把自己的祕密分享給對方作為回報時，你無疑是在為自己埋下了一處處陷阱。

任何一個祕密，只要一公開，就會長出翅膀，漫天飛舞。今天你可能是可以交心的心腹朋友，但是，明天你可能就會淪為祕密的犧牲品，如同故事中的小樂一樣。

尤其當對方將祕密分享給其他人時，你的處境就更不妙了。交換祕密的人往往有一個習慣，他們會沿著既定的路線一直走下去，但是，如果你一個不小心跟不上的話，你就會被遠遠的落在後面了。

不過，這些都好像是事後諸葛，如果你已經將祕密無私的告訴了其他人，而現在已經和對方起了衝突，同時又擔心自己的祕密會因此而洩露出去，那該怎麼辦？

這時候，祕密就如同困在籠中的小鳥一樣，正在張著翅膀眺望外面的天空呢。如果你想安撫躍躍欲飛的小鳥，最好的辦法就是與對方進行一次「面對面，心換心」的對話。不要試圖威脅對方你手中也有他的把柄，針鋒相對的對峙很容易升級成冤冤相報。

當然，如果和平相處的對策不奏效的話，你再考慮反戈一擊也不算遲；但是，現在，盡可能讓自己的嘴巴甜一點，聲調柔一點，姿態低一點，局勢緩和一點，畢竟，你不希望每天都面對一個敵人，是不是？

第八章　不要用舌頭砸掉自己的飯碗

　　工作中多幾個心腹知己的確令人陶醉。當你聽到別人的祕密時，你認為自己贏得了信任；當你洞悉辦公室的流言時，你認為自己贏得了先機；當你安撫別人、提供建議時，你認為自己贏得了支持；但是，你可能沒有意識到，你已經落入了一個名為祕密同盟的陷阱中。你所知道的一切，你透露的一切，這些都可能讓你後院起火、自顧不暇。

　　牢記以下三點建議，你不會成為祕密的俘虜，也不會成為祕密的靶心：

1.　如果有人在背後說他人的是非，不要重蹈覆轍，因為很可能會有一天，你就是是非指向的目標。

2.　如果有人把自己的祕密一股腦的傾吐給你，一定要警惕了。水滿則溢，月盈則虧，你也許會像盛滿水的玻璃杯一樣碎成無數殘片。

3.　如果你已經向別人分享了你的祕密，現在後悔還來得及。靜下心來，和對方坦誠相對，承諾將祕密永遠封存在彼此心中。這樣一來，你就可以和平共處，而不需要每天提心吊膽或者針鋒相對了。

　　工作中的同事關係並沒有你想像中那麼簡單，尤其是當同事成為上司時更是如此。

第九章　太聰明，你將成為眾矢之的

留一手就是露一手

小吳和小徐剛剛從同一所知名大學畢業，又同時被同一家電腦公司高薪聘用，可謂春風得意。

「我到了公司，」小吳摩拳擦掌的說，「非要露一手不可。」

人人都知道，在大學的時候，小吳就是整個班上的「大俠」級人物——無論硬體、軟體，有問題到他那裡，多半會手到病除，妙手回春。

「我看啊，」小徐卻說，「我們對公司業務還不太了解，IT 行業是風雲變幻、深不可測，還是留一手為好。」

小徐在上學的時候就言語不多，也不是人人矚目的焦點。不過，熟悉他的人都知道，小徐是個有想法的人，他不僅喜歡討論問題，而且常常語不驚人死不休。

剛上班第一個月，機會就悄然而至了。

該公司最近接手了一個新專案，要為一家外商公司設計和安裝企業內部

的區域網。

「大顯身手的時候到了。」小吳躍躍欲試。

在大學三年級時，他就和幾位同學設計了電腦系的校園網；在大學四年級時，他還利用假期時間在一家小公司打工，不僅賺夠了一年的學費，還為自己的畢業設計增色不少。

「經理，」小吳找到部門經理，「我想和你談談有關客戶公司區域網的事。」

接下來，他簡要的談了一下自己在這方面的經驗和心得，以及自己的初步構想。

「聽起來不錯，」經理也為小吳的積極性所感染，「三天後，客戶希望我們拿出一個初步的設計方案。如果你真的感興趣，能不能後天寫好交給我？」

「沒問題，經理。」小吳拍胸脯保證。

在接下來的兩天裡，他夜以繼日，終於完成了初步的設計方案。

經理略微翻了一下，發現方案設計合理，設備和施工費用也沒有超出客戶公司的報價範圍，於是就答應下來。

「這樣吧，」經理對小吳說，「就由你來負責這個專案。」

「謝謝經理。」小吳大喜過望。

「要知道，」經理似乎是在鼓勵，似乎是在預警，「公司以前從來沒有把這麼大的專案交給新人負責，這可是頭一次，一定要好好把握啊！」

「我明白，經理。」小吳連忙點頭。

「專案組需要哪些人，」經理繼續說，「就由你來決定吧。只要能做好，

公司一定不會忘了你的好處。」

小吳心花怒放，走出經理辦公室後就找小徐幫忙 —— 畢竟，兩個人上學的時候就合作過。

小徐把小吳的設計方案看了一遍，提出了一個小小的改進意見，將一個路由改畫一下，這樣就可以用一種新出品的設備替代過去大家習慣使用的通用設備，成本一下子可以節約好幾萬塊錢，施工時間也相應縮短一週。

小吳思考了一下，覺得的確可行，就按照小徐的改進意見重新設計了圖紙。一個月以後，大功告成。公司因他們倆節約了開銷，獎勵了節約經費的10%。

經理不僅請他們到飯店吃了一頓，還贈送他們每人一張價值不菲的購物卡。

「你們看看需要添購什麼衣服，」經理說，「自己選就可以了。」

兩人謝過經理，到購物中心選了一套高級西裝。

「你看，」小吳邊繫著領帶邊說：「該露一手就得露一手，否則的話，我們兩人還得穿原來的夾克外套呢。」

「話是沒錯。」小徐對著鏡子照了照，「你這一手露得真是到位。不過該留一手時也得留一手，否則要穿幫可就鬧笑話了。」

「我看未必。」小吳有些不服，「該露不露，人家該把你給忘了。這裡高手雲集，你不往前搶，誰看得見你？」

「既然你這麼說，」小徐把舊衣服放到購物袋裡，「我也不好勸什麼了。不過，我相信，是金子總會發光的。」

隔了幾天，經理又叫他們倆過去，說又有大生意了。

第九章　太聰明，你將成為眾矢之的

「不過這次是處理軟體，」經理說，「而且必須用美國微軟公司一種新的程式設計語言，叫做什麼 C++（某種程式設計語言代碼），你們會不會？」

看到經理的目光略帶懷疑，小吳生怕自己站到後排，連忙搶著回答。

「C++ 啊，當然知道。」

接著，從這種程式設計語言的設計思想的提出和它的研發經過，從它與其他程式設計語言的區別到當前 IT 行業對它的評價，他說得頭頭是道。

經理聽了高興得不得了。「太好了，就這樣。這裡是客戶提出的一個小問題。你就用這種新的程式設計語言寫一段小程式解決一下他們的問題，怎麼樣？這下我們正好有機會向他們展示我們公司的軟體技術能力了。」

說完，他把客戶公司的問題說了出來，並拿出一張事先準備好的白紙，等待小吳動筆。

小吳頓時手心發汗。儘管他能說出 C++ 的一大堆知識，但是，畢竟他沒有真正使用 C++ 編寫過程式。

「這 —— 」他只好暫時用緩兵之計，「我回去再查一查詳細的資料，明天一定可以交給您。」

經理皺起了眉頭：「明天？」

「要不，我來試試？」站在後面的小徐說道。

他接過經理手中的白紙，不假思索的在上面寫了幾十行程式碼。

「經理，你看這行不行？如果客戶有什麼問題，可以隨時找我。」

原來，自從進入公司後，小徐發現該公司硬體人才很多，但是，軟體方面的人手卻不夠。加上平時工作量大、任務緊迫，大部分員工都懶於再學習新的軟體技術。小徐正是看中了這一點，才利用業餘時間不斷從網路上了解

最新的軟體產品動態。當微軟公司推出了 C++ 後，他就馬上學習相應的程式
設計語法，並私下做了不少練習和模擬。

經理面對一張滿是英文字元的紙條，笑了笑說：「這我也看不懂，先送給
客戶讓他們看看吧。」

當天下午，客戶回饋回來的訊息是，他們對這段程式很滿意，希望和該
公司合作開發企業內部辦公系統。

合約一簽下來，經理就決定由小徐擔任專案經理，全權負責。

「還真沒想到，」小吳略帶嫉妒的說，「留一手勝過露一手。我當初露一
手，還真不如你留一手呀。」

「也不能這麼說。」小徐糾正說，「你才氣橫溢，不露一手是不對的。不
露一手，別人根本不知道你的斤兩，當然難以出人頭地。但在許多時候，留
下一手也是必要的。不留一手，有時人們會認為你是江郎才盡，沒有後勁，

也難保落腳之地。露一手不能露盡露空啊。你以後要繼續露，也要繼續學些新的留到今後露，這絕對沒錯。」

露一手是先發制人，留一手是後發制人。

成功的嶄露自己的才華，即使不太成熟、不夠完美，你也會邁出了眾人的行列，贏得了主管的器重和讚賞、同事們的傾慕和欽佩。但是，這種自我表現必須掌握分寸，恰到好處。否則便會有「出風頭」或「出洋相」之嫌，弄不好還會惹來「出頭的椽子先爛」的後果。

因此，下次試圖嶄露頭角的時候，不妨先思考一下：

1. 自我表現也必須掌握一定的分寸才行。在日常工作中，如果方法運用得自然得體，也能表現自己在某些方面出眾的才能。

2. 積極表現自己並沒有錯，但是，如果引起公憤就錯了。例如：看到同事聚在一塊，非得湊過去生怕漏掉什麼重要消息；明明沒你的事卻老想插手；喜歡發表長篇大論……諸如此類。對分內的事積極絕對值得讚賞，但若積極到過界，那可能招致人際關係惡化。

3. 露一手是給外人看的，留一手是給自己的，因為我們知道「物有所不足，智有所不明」。

不要做太聰明的下屬

適當的把自己的位置放得低一點，就等於把別人抬高了很多。當被人抬舉的時候，誰還放不下敵意呢？

一般來說，上司都不喜歡「太聰明」的人，記住這一點是不會錯的。任何主管都有獲得威信的需求，不希望部屬超越並取代自己。比如，在公司的

人事調動時，如果某個優秀、有實力的人被指派到自己屬下，部門經理就會憂心忡忡，因為他擔心某一天對方會搶了自己的權位。相反，若是派一位平庸無奇的人到自己屬下，他便可高枕無憂了。

有位朋友工作能力很強，頭腦非常清楚，他的主管常常禮賢下士，向他請教。周圍的人都認為他的主管肯定會重用他。但事實呢？有一次聊天，提到這個話題，他苦笑，說主管不打擊他就是萬幸了，哪敢指望重用！他現在還沒有不幸，因為他的主管還算是個是非分明的人。但是他也不可能被提拔了，主管一般不會提拔能幹的下屬，除非主管比你更能幹，能夠找到駕馭你的感覺。

因而，聰明的下級總會想方設法掩飾自己的實力，以假裝的「不太聰明」來反襯上級管理者的高明，力圖以此獲得上級管理者的青睞與賞識。在公司的工作會議上，當總經理闡述某種觀點後，他會裝出恍然大悟的樣子，並且帶頭叫好；當他對某項工作有了好的可行的辦法後，不是直接發表意見，而是在私下裡或用暗示等辦法及時告知總經理，同時，再拋出與之相左的甚至很「愚蠢」的意見。久而久之，儘管在群眾中形象不佳，有點「不太聰明」，但總經理卻倍加欣賞，對其情有獨鍾。

所以，善於處世的人，常常故意在明顯的地方留一點瑕疵，讓人一眼就看見他「連這麼簡單的都搞錯了」。這樣一來，儘管你出人頭地，木秀於林，別人也不會對你敬而遠之，他一旦發現「原來你不太聰明」的時候，反而會縮短與你之間的距離。

其實，適當的把自己的位置放得低一點，就等於把別人抬高了很多。當被人抬舉的時候，誰還放不下敵意呢？要知道，只有讓上司感覺你不是「太聰明」的時候，他的自尊和威信才能恰當的表現出來，這個時候，他的虛榮

心才能得到滿足。

上司交辦一件事情，你辦得無可挑剔，似乎顯得比上司還高明。你的上司可能就會感覺自己的地位岌岌可危，你的同事就可能認為你愛表現、逞能。置身於這樣的氛圍，你會覺得輕鬆嗎？

如果換一種說法，對於上司交辦的事情，你兩三下就處理完畢，你的上司會首先對你旺盛的精力感到吃驚，效率高嘛！但是，雖然你完成了任務卻未必完美，這時上司會指點一二，哪怕不痛不癢也好，從而顯示他到底高你一籌。這就好比把主席臺的中心位置為主管留著，只等他來做「最高指示」。

妄自尊大的人很危險

我們每個人都自視頗高，相信自己同時具備感性和理性的特質，然而這樣的評價只是自己的想法。

有人表現得高傲自大，自命不凡，即使沒有能力也裝得有模有樣，對自己評價非常高，不把別人放在眼裡，也不把別人的感受和想法放在心上。他們說起話來狂妄自大，聲音高得像是要壓制人似的；到別人的辦公室拜訪，簡直就像戰車般大搖大擺地登堂入室——再沒有比這更礙眼、更令人不快的事了。他們往往把做不到的事說得像是輕而易舉似的，所以別人對他們的信任感也相對淡薄。

這類妄自尊大的傢伙尚未得權時，雖然令人不得安寧，倒還不危險，一旦大權在握，危害就大了。根本做不了的事還自認為有辦法，計畫毫無條理，命令非常草率，明明錯了也不承認。這種人自大傲慢不願接受他人批評，謝絕有能力的人幫忙，失敗了又把責任推給別人，把周邊的氣氛變得緊

張兮兮，令人喘不過氣來。

他們一旦坐上權力寶座不受任何人控制，就變得非常危險。有些掌握權力的官員，在自己的部門中儼然像個帝王，架子很大。在他們眼裡，下屬不過是螻蟻，螻蟻只能靜默的低著頭，什麼也不能說，因為當權者握有文件和官印，事情許可不許可，事業成功或失敗，全看他們的臉色。

調查顯示，上級最令辦公室職員反感的表現通常有以下幾項：

1. 欠缺耐心。你的報告還未講完，他已做出反應，而且下了決定。
2. 唯我獨尊。上司自以為是，容不下任何批評建議，有時還縱容自己的怒氣，毫不收斂的發脾氣。
3. 小題大做。原本下屬所犯的只是小錯，他卻來個激烈反應，把芝麻大的事搞得驚天動地。
4. 罵人不留餘地。把所有能用上的惡毒話都說出了口，完全不考慮你的感受和尊嚴。
5. 以偏概全。你只做錯一件小事的一小部分，上司卻否定你整個人。
6. 吹毛求疵。你明明已做到 90 分了，他卻強求你能達到 100 分。
7. 一觸即發。上司平日好好的，一碰到某些人、某些事或某些不順利時，立刻像變了個人似的，反應很激烈。

你會發現，這些問題幾乎都是在表示對別人的不容忍、不耐煩、不滿足，也就是說，他們認為一把你壓倒或嚇住，事情就會一帆風順了。

不要在老闆面前耍聰明

一次，公司經理帶著一名業務代表小戴出差，投宿在某家旅館裡。旅館

第九章　太聰明，你將成為眾矢之的

主人見他們是外地人，便加倍收費。

　　經理一肚子惱火，但人在屋簷下，不得不低頭，有苦說不出，只好長嘆一口氣悻悻作罷。

　　第二天清晨，兩人收拾東西，準備離開旅館。經理卻發現小戴的行李袋撐得鼓鼓的，但他們來這裡出差根本沒有時間購買什麼特產和禮品。

　　「你的行李袋裝了些什麼？好像比昨天重了許多。」經理疑惑的問。

　　小戴神祕兮兮的笑了笑，洋洋得意的說：「經理，我可是幫你出了一口怨氣啊！旅館主人一定會氣得發瘋。」

　　「到底怎麼回事？」經理更不解了。

　　小戴偷偷把行李袋拉鍊打開一條縫，經理過來一瞧。發現毛巾、茶杯、水瓶，甚至牙膏、洗面乳、沐浴乳等旅館裡為顧客準備的東西都裝在裡面。

　　「哼！他敢亂收費，我就拿走他的東西，一物抵一物，看誰最吃虧。」小戴根本沒有留意到經理臉上是什麼表情，自顧自的炫耀。

　　經理默然不語，而小戴卻還沉浸在報復的喜悅中，以為上司會給予讚許嘉獎，殊不知，上司的心裡已經對他產生了消極的印象。

　　出差回來後，經理就找了一個理由把小戴調到另外一個部門。

　　小戴不服氣，便直接去質問經理，自己為什麼會無故「流放」。

　　經理以蔑視的口吻說：「像你這樣貪婪的人留在我身邊，我擔心將來有一天你會因為私欲不滿，把公司和我也出賣了。」

　　小戴犯下的大錯誤，就是沒有意識到上司也隨時隨地在觀察員工，考驗下屬的品德及能力。所謂細節決定成敗，自己的一舉一動都會落入上司的眼中——即使我們僥倖逃過上司的眼睛，不要忘記身邊並不匱乏上司的耳目。

　　由於上司和員工在公司裡扮演不同的角色，彼此間的關係複雜，為了維持或改變這種關係，不僅員工們挖空心思以求「洞悉」上司，上司又何嘗不想看透員工們的心思。

　　與員工洞悉上司不同的是，上司洞悉員工更顯得武斷和片面。上司看透員工是為了提拔重用或貶謫調任，但因手下員工眾多，往往是只憑一兩件事或一些細節，甚至只憑第一印象好惡而替員工做下結論。當然，上司的洞察力比一般人敏銳，常常不經意中就能看透員工的人品、辦事能力和優缺點。

　　上司也在觀察員工，然而很多員工卻忽視這一點，更不用說應對了。

　　也許自己像愛因斯坦一樣聰明，創意像牛頓一樣獨特，為什麼在上司眼中依舊是無足輕重？先切忌因此而憂鬱，生活往往是可以改變的，試著按以下的細節要點去做，也許會成為上司眼中不可缺少的重要人才：

1. 關鍵是要把你的長處、工作能力、勤勉與認真通通讓上司知道，揚長補短。如果你把自己的一切都呈現給上司，那上司會認為你太單純稚嫩，不足以擔重任。然而明知上司在觀察你的時候，卻把自己包得密不透風，這更是犯了大忌。上司若看不透你，久而久之一定就會不耐煩，同時會以為你這人心機太深沉，自然無法信任你。

2. 正如炒菜要掌握火候一樣，暴露給上司的不可太多，也不能太少。

3. 不必什麼時候都用「我」，說話的時候記得常用「我們」來開頭。

4. 別存在太多的希望。千萬別期盼所有的事情都會照自己的計畫而行，相反，自己得時時為可能產生的錯誤做準備。

5. 堅持在背後說上司和同事的好話。別擔心這些好話傳不到當事人的耳朵裡，如果有人在自己面前說上司和同事的壞話時，只可以用微笑來相對。

6. 保持冷靜。面對任何狀況都能處之泰然的人，一開始就獲得了優勢，上司、同事、客戶不僅欽佩那些面對危機聲色不變的人，而且欣賞能妥善解決問題的人。

7. 尊敬不喜歡自己的上司和同事。

搶風頭是沒有好下場的

　　身在職場，我們必須遵守其內在的運行規則，積極表現無可厚非，誰不想給上司留下好印象呢？不過也莫忘了四個字 —— 過猶不及。「大度」的主管也許會允許你犯錯誤，但是絕對容不下你搶他的風頭。自古到今，「功高震主」的例子屢見不鮮。

　　古時候，國家領導者需要有人來幫他攻城掠地創建王朝，或者分官設職管理國家。部屬協助領導者達到目標之後，領導者的想法可能逐漸轉變，反而感受到部屬的無形威脅，害怕大權旁落。這種心理狀態非常普遍，尤其在「有你無我」的政治職位上。能幫皇帝打天下的人，也有可能取代皇帝的位子，這種未來潛在利益衝突，埋下「功高震主」的陰影。會使得皇帝想要先下手為強，免得惡夢成真。

　　現代社會，當聚光燈都照在成功的部屬身上時，領導者如果胸襟不夠寬廣，就會產生不易平衡的心理壓力。有些領導者甚至會排擠即將出頭的部屬，因為他認為成功的部屬讓自己喪失「光環」，這便成為另一種「功高震主」的來源。

　　經理人在企業組織裡也經常遇上這個惱人的困擾，尤其是對於能幹且嶄露頭角的人，似乎是無法逃避的困境，能否處理關係得當成為經理人的大挑

戰。一個專業經理人就曾經遇到過這樣的怪事，當他在業務上犯了重大錯誤的時候，總經理願意為他默默的背負董事會的責難；但是在他工作出色、正想大展拳腳之際，總經理卻又將他「掃地出門」。

王月曾任職於某大型企業集團，內部結構複雜，導致機構臃腫，關係錯綜複雜，是一個典型的講究「公司政治」的場所。

那一年，公司準備上市但缺乏國際化人才，董事會決定打破常規，從外部引入一名具有國際背景的人才。從外商公司被挖角過來的高階經理人兆華成為公司的市場總監。

作為兆華的搭檔，王月與他工作上互相配合，共同向總經理匯報。王月在企業多年，深知公司政治凶猛，所以在兆華入職第一天，就坦誠的提醒他這裡與外商文化大不相同，關係之複雜超乎想像，建議他在開始工作之前，有必要先熟悉、研究一下這裡的企業文化與公司政治，特別是摸清老闆的底線與喜好，以便日後更好的在這裡發展。

兆華一口回絕了，他明確的說是來經營市場的，不是來經營政治的。由於兆華來頭顯赫，而且又是董事會所器重的人才，所以總經理也對他很敬重，他自然成為公司裡最有影響力的人物之一。雖然職位只是總監，但在許多方面兆華已經可以與公司副總經理平起平坐。

在員工大會上，總經理數次向各部門的負責人強調了他對兆華的信任與重視，並表示自己也會全力支持兆華的工作，希望他大膽開拓不必顧慮。在這個層級眾多、官僚體制嚴重的企業中，總經理如此史無前例的堅定支持一個「外來和尚」，這實在讓人有點驚訝，許多人在猜疑：兆華的到來是否讓公司的政治都發生了顛覆性的改變？

總經理屢次公開表態支持，讓兆華感覺到熱血沸騰，他不只一次向王月

說，完全沒想到總經理對他如此授權與器重，也沒想到一家老牌企業的公司文化可以與外商一樣開明，他一定要知恩圖報的盡力去拚搏。

王月內心充滿困惑，一方面是對總經理有點反常規的「大方授權」有些不解，另一方面又為兆華對「大方授權」的簡單理解而捏汗。

在接下來一年時間，兆華進行了許多市場革新，基本將他在外商中所操作的那套成熟的營運模式搬到了現在的公司，獲得過一些成績也造成過不少失誤。但對於一些由於兆華一意孤行而造成的失誤，公司不少人都有怨言，但總經理對兆華卻是抱以信任及鼓勵的態度。

第二年公司在籌備黃金週的銷售大戰期間，廣告、公關、銷售幾大板塊都緊張的籌備著。在擬訂整個推廣計畫之後，兆華突然提出新的建議，他認為今年的銷售形式有變，所以要啟動全新的銷售推廣手法，他的想法幾乎否定了所有人前面的工作，而且由於從未有過先例，所以存在不小的風險。

總經理雖然不太同意在如此匆忙的時間內進行全盤調整，但看到兆華如此自信且執著，也就勉強同意了。

自信並不代表就能成功。兆華的方案失敗了，公司損失慘重，業績相對去年同期下降 20%。董事會將公司所有高階主管拉過去責罵，出乎所有人意料的是，在董事會嚴厲的責問面前，總經理竟然一口將所有失誤的職責承擔了下來，替兆華扛過了這一關。

總經理此舉讓許多人大跌眼鏡。總經理並不是一個完美無缺的領導者，王月知道他有他的忍受限度，他有他用人的底線，兆華的一次次失誤顯然是還沒有觸及那條「看不見的線」。

總經理的寬容與開明，讓兆華更有「士為知己者死」的衝動。轉眼到了年底，在另一場市場大戰中，由於策略制定得當，公司獲得了顯赫的戰果。

在盛大的慶賀晚宴上，兆華喝了很多酒，酒酣耳熱之時，他當著很多人的面說：「看到了吧？公司沒有我是不行的，要是我升遷了肯定可以做出更大的成績……」

許多人都附和著，諂媚之態更讓兆華飄飄然。總經理的臉當時就黑了。

一個星期後，在一次公司大會上，總經理第一次把兆華不留情面的訓了一頓。三個月後，總經理找了個冠冕堂皇的理由，讓兆華「體面」的離開了公司。

許多熱血職業人士都與兆華一樣，認為自己來企業是經營市場或經營管理，絕對不是來經營政治，可惜這種想法往往會變成一種職業理想主義。雖然許多專業經理人都深惡公司政治，但是作為一種公司的附屬物，你可以厭惡、蔑視它，但是你無法迴避它。老資格的職場人都懂得：「要想在職場得意，就得學會平庸，千萬不能超越領導者。」

「善意」也會惹來「殺機」

有些人心口如一，寬宏大量；有些人心口不一，嘴上說得很漂亮，心裡完全不那麼想。

新來的主管第一次主持會議，他很誠懇的要求大家以後多提「建議」，並且說：「如果發現缺點，也歡迎大家告訴我。」

現場鴉雀無聲，沒人說話。第二次會議，主管再次重複那些話，才到職兩個月的小許終於站起來提了一些工作上的建議，主管當場表示「嘉許」。他的舉動有了示範的作用，有好幾位同事相繼發言。

在以後的日子裡，小許每遇會議，必不放過建議的機會，除了工作上的

建議之外，也針對主管個人的言行有中肯而且誠懇的建議。

　　大家都認為，小許一定不久就會「升官」，誰知他卻被調到一個閒差，從此再也沒有機會在開會時提「建議」……

　　看來小許是個熱情直爽而且單純的人，他的動機正確，但做法卻有值得討論的地方。

　　人有很多種，有些人心口如一，寬宏大量；有些人心口不一，嘴巴說得很漂亮，心裡完全不那麼想。領導者要求大家提「建議」，有的人是真心的，有的人卻只是故意作態，因為他要符合大家對主管的「角色期待」，所以他必須塑造「開明形象」，免得手下對他產生排斥。

　　另外，一位新主管「從諫如流」，尚有其他目的：

1. 了解手下的性格。任何建議都可顯現該人的內心和價值觀念，所以，讓手下「開口」，手下的「性格」即一覽無遺。

2. 了解前任主管的領導特色及偏差。手下不一定會批評前任主管，但從他們反映的問題卻可發現些蛛絲馬跡，這是一位新任主管相當重要的參考。

3. 了解誰是手下的「頭頭」及他們彼此的「生態關係」，也要了解誰是「不滿分子」，誰是「是非製造者」……

　　大部分的主管要求建議都是誠懇的，但不可否認的是，有些主管的動作根本就是「虛應故事」，甚至是一種權謀……

　　小許的主管到底是一個什麼樣的主管？從這個故事中難以了解，因為這要從他的主管如何面對建議，如何處理建議等多方面來研判。但有一點我們可以肯定，小許被調至閒差，和他對主管個人言行的「建議」有關。

　　或許也有超大肚量的人吧！不過這種人很少，絕大多數人都有一個混著

優點與缺點的自我！這自我需要滿足，而且不容冒犯褻瀆，因此有些人可以接受 99 句批評的話，卻不能接受冒犯到他自我的一句話，當主管的再怎麼開明，畢竟還是需要一點「架子」的。小許的意見，對主管已造成壓力，他又提出和主管個人行為有關的「建議」，主管就算不發火，也不會太愉快，因為他的建議衝撞了主管的「架子」，也冒犯了主管的自我！所以不被調職才怪。

這位主管不能說他有「錯」，只能認為他肚量不夠大，但此為人情之常，古代不是有很多皇帝被諫臣惹火而把諫臣殺掉嗎？因此要提「建議」，有些要點必須注意：

1. 不必當「急先鋒」，讓別人先提，看看「風勢」後再開口，免得被心機深沉的主管「引蛇出洞」。

2. 不可能解決又不切實際的問題少提，因為提了等於給主管增加麻煩，他是會把你當成「麻煩人物」的。

3. 看主管採納建議的狀況及解決問題的能力，再決定是否要繼續提，如果他只是做做樣子，那就不要再提，因為提了也沒有用，自己還會惹人厭。

4. 關於主管個人行為的「建議」，能不提就不要提，若非提不可，應在私下委婉的提，否則主管會大大不爽的。

不過，也不能不提，否則在主管眼中，你就變成一個不會看不會想的人！

學會做真正的精明的員工

什麼是真正的精明呢？若干年前，在一個特殊的場合，一位閱世很深的

第九章　太聰明，你將成為眾矢之的

老人告訴我們，世間各色人等，其精明與否的程度大略可分為四個等次、四種類型。

第一個等級是外相敦厚，對人處世絕不以精明自居，甚而讓人感覺有些傻呼呼，但骨子裡卻是十分精明者。這種人，往往讓人產生一種高度的信任感。這種精明，是最高層次的精明，所謂「精明不外露」，以及「大智若愚」，就是這個意思。

第二個等級是讓人一眼看去就感覺渾身透著精明，而底子也確實相當精明的人。但「精明外露」已非上品，不免讓人處處防範，其「精明」的效果也就有限，充其量只能算是二等貨。

第三個等級是本身既無多大能耐，看上去也就是傻蛋一個，正因其內外都「傻」，本人既無「自作聰明」之舉，他人對其也全不設防，進而有不忍欺之者，故尚可安居三等。

第四個等級是看上去一臉「聰明」相，亦往往自認為精明過人，骨子裡卻愚不可及者。此等角色人見人厭，成事不足敗事有餘，是為末等。

以上四色人等，又並非一成不變，如第二等者，一旦「精明」過頭，聰明反被聰明誤，往往會淪入末等而不復；而原為第三等者，如能在世事磨練中逐漸悟出人生真諦，則搖身一變而躋身頭等行列者亦不乏其人。

有一個愣頭愣腦的流浪漢，常常在一個市場裡走動。市場裡有很多賣菜的，還有賣水果的，一天人來人往的，有很多人。由於那個流浪漢經常來這裡，說起話來總帶一些傻氣，大家都以為他是傻瓜，因此很喜歡與他開玩笑，並且想出不同的方法捉弄他。

市場裡常常有一些人想看他到底傻到什麼程度，於是便在手上放了兩枚硬幣，一個 5 角的和一個 1 元的，讓流浪漢來挑一個拿走。流浪漢對著這兩

枚硬幣，思考了半天，最後選擇了 5 角的硬幣拿走。

那些捉弄他的人，看到他竟然傻到連 5 角硬幣和 1 元硬幣都分不清楚的程度，大家都捧腹大笑。從此，那些人只要每次看他經過，都用這個手法來取笑他，而他倒覺得也很開心，能夠見到大家笑，他以為是件非常高興的事情。於是，每次讓他挑硬幣的時候，他從未讓大家失望過，每次都會拿走 5 角的硬幣。

過了一段時間，一個善良的老婦人看他可憐，每次都被人欺負，便決定幫他，就叫住他說：「我教你怎樣區分 5 角和 1 元，以後他們再取笑你，你就拿 1 元的讓他們看看。」

流浪漢露出狡黠的微笑對老婦人說道：「不，謝謝您，我知道怎麼區分，我如果拿 1 元的話，他們下次就不會再讓我挑選了。」

老婦人聽到他的話才知道：他並不傻，而是那些人傻。

給別人獨木橋就是給自己陽關道

有句俗話說：「有理也要讓三分，得饒人處且饒人。」這句話告訴人們，凡事都應該適可而止，要給別人留有餘地，同時也給自己留下後路，這種智慧同樣適用於同事之間的關係。

張玲是一位大學畢業生，在公司裡，她不但學歷高，且口才極佳，能力也強，很受主管的賞識。每次開會，她都會抓住機會滔滔不絕。每當聽到其他同事提出一些較不成熟的建議，或是某些時候得罪了她，她總會毫不客氣的嚴辭相向，毫不顧及這些同事的感受。在她的觀念裡，這樣做並無不妥！她認為，如果不是別人有誤在先，也輪不到她開炮。

第九章　太聰明，你將成為眾矢之的

　　然而，她的態度卻使她在同事中成了一隻孤單的鳳凰，除了老闆，誰也不想與她多說一句話！所以她最後只好選擇離開公司，不是因為能力欠佳，而是因為人際壓力。而直到她離職前，她仍不斷的問自己：「難道我的觀點錯了嗎？難道我說的都沒有道理的嗎？」其實她根本就沒有錯，只是忘了給人留點餘地，忘了給人臺階……

　　大部分的人一陷身於爭鬥的漩渦，便不由自主的焦躁起來，一方面為了面子，一方面為了利益，因此一得了「理」便不饒人，非逼得對方鳴金收兵或豎白旗投降不可。雖然讓你吹著勝利的號角，但這卻也是下次爭鬥的前奏。「戰敗」的一方也是面子和利益的集合體，人家當然要「討」回來。倒不如得饒人處且饒人，放對方一條生路，讓他有個臺階下。為他留點面子和立足之地，也讓自己多條路！即使自己一方有理，也要容忍三分，要用寬廣的胸懷去感化對方，而不是得理不饒人，死盯住對方不放。

　　有這樣一句名言：人不講理，是一個缺點；人硬講理，是一個盲點。很多時候，理直氣「和」遠比理直氣「壯」更能說服、改變他人。聖經上說：「性情溫良的，大有智慧。」如果你不留一點餘地給得罪過你的人，不但消滅不了眼前的這個「敵人」，還會讓身邊的人因此疏遠你。

　　試想，如果你得理不饒人，就有可能激起對方「求生」的意志，而既然是「求生」，就有可能不擇手段，不顧後果，這將對你可能造成傷害。假如在別人理虧時，放他一條生路，他也會心存感激，就算不如此，也不太可能與你為敵。這是人的本性。況且，這個世界本來很小，變化卻很大，若哪一天兩人再度狹路相逢，屆時若他勢強而你勢弱，你想他會怎麼對待你呢？因此，得理饒人，也是為自己留條後路。

　　有一家雜誌訪問了25位傑出的財經界人士，請他們說出影響他們一生的

一句話。這些身經百戰的大總裁講出來的話當然字字珠璣，但是最吸引人的卻是時代華納公司的董事長所說的「不要趕盡殺絕，要留一點退路給別人」。

得饒人處且饒人說起來簡單，可做起來並不容易。因為任何忍讓和寬容都是要付出代價的。人的一生，誰都會碰到個人的利益受到別人有意或無意的侵害，為了培養和鍛鍊良好的心理素養，就要勇於接受忍讓和寬容的考驗，即使感情無法控制時，也要緊閉住自己的嘴巴，忍一忍，就能抵禦急躁和魯莽，說服自己，就能把忍讓的痛苦化解，產生出寬容和大度來。

人腳踏踩的地方，不過幾寸大小，可是在咫尺寬的山路上行走時，很容易跌落於山崖之下，從碗口粗細的獨木橋上過河時，常常會墜入河中，這是為什麼呢？是因為腳的旁邊已經沒有餘地。同理，行走於辦公室叢林中的人，也要給身邊的同事留一些餘地。給別人留餘地，就是給自己留了條退路。

第九章　太聰明，你將成為眾矢之的

第十章　與其對抗還不如真誠合作

得饒人處且饒人

「不叫的狗，咬人最凶。」超負荷的逼迫，往往是使人產生反常舉動的導火線。

在職場的賽局之中，人們往往是相互拚盡全力的爭勝負，哪怕是頭破血流也毫不在意。為了什麼？不可否認，在很多情況下，人並不是純理性的，有時人們會為了面子的問題而與對手殊死相搏。姑且不討論是否值得的問題，作為一個賽局高手，你應該能夠做到在對手落入下風的時候展現出你的風度，給對手留下一條活路，防止兔子急了咬人的局面發生。

給人留下迴旋的餘地，不要把人逼到絕處，即使是對手也要給他留點面子，不要趕盡殺絕，否則他一急，豁出自己也把你拉去墊背，就太不值得了。

孫子有一句名言，叫「窮寇勿追」。在打仗時，孫子強調對於陷入絕境的敵人，不要去逼迫他。他認為，陷於絕境的敵人，已無所顧忌，一副視死

如歸的氣勢，如果這時給予打擊，敵人將會與你拚命。「狗急跳牆，兔子逼急了也會咬人。」一旦遭受這種孤注一擲式的抵禦，就算你不會失敗，也會損傷元氣，從而付出不必要的代價。對付奸佞小人，道理也是一樣的。如果操之過急，他便有可能狗急跳牆，亂咬一通，這對你自己也不見得有什麼好處。正所謂「投鼠忌器」。

有位朋友講過這麼一個真實的故事：朋友所在公司有人搬遷，公司決定把一間即將空出的宿舍分配給這個朋友住。在移交過程中，原房主因為買下房子後曾進行過裝修，就提出讓朋友從經濟上作一些補償：按原物價照價支付。朋友爽快答應了。可臨到交鑰匙的時候，原房主又要求朋友交付他在空閒期間購房款的利息。

朋友說：「太過分了。他那些舊東西現在市場上半價就可以買新的，我寧願吃點虧成全他。自從他提出退房，我繳納了我的購房款，也就是說從他提出退房到真正搬了出去的一年半時間裡，是我出錢他住房。他竟然還要我支付利息！」

一氣之下，這位朋友撬鎖砸門，先入住再說。他對原房主說：「我不是收破爛的，請把你的東西統統搬出去！」那房主理屈，只好強飲下他自己釀造的苦酒。

生活中確有這一類人，平常默默無聞，與人為善，處處小心，甘願吃虧；如果發起怒來，他可能讓所有認識他的人瞠目結舌。

小說《洮洮水》中講述了這樣一個故事：

主角是一個處於兩大對立面夾縫中的人物。他所在的村子兩姓家族的爭強鬥勝由來已久，而主角又不願受制於家族的束縛，他桀驁不馴，不滿意於族長為他設計好的道路，因而招致族內外勢力的巨大打擊。兩姓和解不成，

自由戀愛不成，他還被捆綁看押，即將受到族規更嚴厲的懲罰。他忍無可忍，掙脫繩索，扒開堤壩，讓泱泱大水灌進村莊，頓時一片汪洋洶湧。

主角的行為也許慘無人道，其家族的做法也許與法律格格不入。但是，我們不難看出主角的行為是出於一種報復心理，而這種心理的來源，卻是世俗勢力的逼迫。

我們在為人處世中，對付那些奸詐小人時一定要做到有理、有利、有節。切莫逼兔咬人，否則，受到傷害的將是你自己！

狹路相逢，勝出者就更應該具備勝利者的姿態。你在與對手賽局之時可能會見到對手的無所不用其極，但是你必須明白，在你勝出之後切不可把事做絕，也要給對手留有餘地。千萬不要在得勢時，處處咄咄逼人，而要深謀遠慮，主動給對手留下餘地，適可而止，見好就收。

不要無端的樹敵

每天 8 小時，你對辦公室的印象如何？有人形容它為「人間地獄」，一切奸詐起哄，互相傾軋，在辦公室裡司空見慣。就以與同事之間的關係來說，如果你要認真計較的話，每天你隨便就可以找到四五件生氣的事情。如：被人誣害、同事犯錯連累他人、受人冷言譏諷等。有人不便即時發作，便暗自把這些事情記在心裡，伺機報復。但這種仇恨心理，很有可能讓你自食其果。

你會無端樹敵嗎？一個同事不知何故，總不跟你說話，甚至在背後中傷你，你應該以牙還牙嗎？不！那只會令你淪為潑婦罵街一般的人物，亦妨礙你的事業進展。

第十章　與其對抗還不如真誠合作

當然，工作上不應因循苟且，始終堅守原則，公事公辦；同時切莫將此事向上司或老闆告狀，因為他們只會認為你太小家子氣，這對你一點好處也沒有。

若要真正獲得同事的尊敬與愛護，你要注意自己的表現，切勿盛氣凌人，恃寵生嬌，做出令人憎厭的事情。你要學習與每一個人融洽相處，表現出你的隨和與合作精神。面對同事的時候，不要忘記你的笑容與熱忱的招呼，還有要多與對方進行眼神接觸，在適當的時機讚美一下他們的長處。

假如你不得不對某位同事的工作表現予以批評，你的措辭也要十分小心。先把對方的優點說出來，令他對你產生好感後，他才會接受你的建議，還會視你為他的知己良朋。

人人都會遇到情緒低落的時候，你要努力控制自己的脾氣，切勿把心中的悶氣發洩到同事的身上，這是自找麻煩的愚蠢行為。沒有人會願意跟一個情緒化的人相處，上司更不會對他期望過高。替自己建立一個隨和的善解人意的形象，是成功的重要因素之一。

人皆有七情六欲，遇到外界的不良刺激時，難免情緒激動、發火、憤怒，這是人的自我保護本能的正常反應。但這種激動的情緒不可放縱，因為它可能使我們喪失冷靜和理智，使我們不計後果的行事。因此，我們在遇到事情時，在面對人際矛盾時，要學會克制，學會忍耐，而不要像鞭炮一樣，一點就著。敵我作戰需要有克制忍耐的大將風度，就是日常生活中待人處事也須有克制忍耐的涵養。

林肯說得好：「與其為爭路而被狗咬，不如將路讓給狗。即使將狗殺死，也不能治好受傷的傷口。」

古語講：「小不忍則亂大謀。」如果你想和對方一樣發怒，你就應想想這

種爆發會產生什麼後果。如果發怒必定會損害你的身心健康和利益，那麼你就應該約束自己、克制自己，無論這種自制是如何吃力。

用合作來適應社會

不論自然界還是人類社會，除了競爭，還有合作。

每當春暖花開的時節，有一種小蜂會成群結隊的飛到薛荔榕樹的雌株上，一旦找到了花位，蜂們便會拚命的往花柱裡鑽。因為過度勞累，免不了有一些孕蜂丟掉性命，可其他一些挺著豐滿孕腹的蜂們並無一點懼色，仍然會不管不顧的往花柱中鑽。隨著時間的推移，死去的孕蜂也就會越來越多。

這種現象即使是那些以尋微探幽著稱、見多識廣的博物學家們也感到十分驚訝和困惑：那花柱裡是否有牠們急需的某種物質呢？

經過幾十年的研究探索，科學家最終發現原來蜂們此時並非在攫取，而是在「知恩圖報」。這種薛荔榕樹分為雄株與雌株。按說雄株只能開雄花，可為了樹種的繁衍，透過不斷的進化，它們也開出了一朵朵雌花。雄株上的雌花並不結果生籽，完全是為了方便蜂們在其花房產卵，並以其豐盈的汁液、豐腴的養料讓蜂蟲胚胎在花房裡茁壯成長。

蜂們當然也不白吃白拿，到了該出手時，縱然拖著滿腹孕卵的臃腫之身，也要為雌株上的雌花傳授花粉，擠死累死也無怨無悔——於是便出現了前面提到的感人至深的那一幕。年年歲歲，蜂群並不減少，反而日益壯大。

薛荔榕樹的雄株盡一切努力為蜂們提供培育後代的優良場所；而蜂們也不惜一切代價，哪怕付出一部分種群的生命也要讓薛荔榕樹「續上香火」。這便是博物學家們所揭示的「奧祕」。

第十章 與其對抗還不如真誠合作

　　而在英國，則有一種叫做「歐洲藍蝶」的美麗蝴蝶，特別愛和一種小螞蟻交朋友，而且簡直就是生死之交。這種藍蝶在幼年階段，腹部能分泌一種小螞蟻非常愛吃的蜜露。這種蜜露不停的散發著香氣，螞蟻一旦聞到這種特殊的香味，便源源不斷的爬到藍蝶幼蟲腹部上盡情享受。

　　當然，螞蟻也知道「禮尚往來」。當螞蟻一旦發現藍蝶在草地上產下的卵塊時，蟻王便立即派兵蟻將卵塊看護起來，並派來工蟻幫助其孵化。孵化出來的幼蟲最愛吃鮮嫩的樹葉，螞蟻會將牠們搬到樹葉上，並守護在旁，等待牠們吃完一片樹葉時，眾螞蟻又將牠們抬到另一片樹葉上。寒冬來臨，為了不讓藍蝶幼蟲凍著，螞蟻會趕緊把牠們搬進自己溫暖舒適的蟻穴裡。這段時間，藍蝶幼蟲也不忘分泌出蜜露讓螞蟻吸食，螞蟻也把牠們自己那些快要僵死的幼蟲奉獻給藍蝶幼蟲作為食物。當春天的腳步響起時，藍蝶幼蟲變作蟲蛹，並進而化為蝶，那一隻隻藍蝶便在花紅柳綠中，翩翩舞起輕盈美妙的身姿。

　　倘若藍蝶不以幼蟲慷慨的為螞蟻們提供蜜露，這種小螞蟻就會很難生存；同時，沒有螞蟻對其卵塊無微不至的關懷與照顧，藍蝶的翩翩倩影也很難出現在暖春的晴空裡。

　　合，即融洽，即和諧。無論是自然界還是人類社會，相互爭鬥的結果往往是兩敗俱傷；而相互合作、相互支援則總會是互惠互利、共勝共贏。

不選擇首先背叛對方

　　「一報還一報」是人類最古老的行為規則之一。在沒有被欺騙之前，永遠不要主動欺騙他人。

在生活中，如果沒有法規和道德的約束，也沒有其他力量從外部對賽局的雙方進行強制時，從各自的利益出發，以牙還牙，以眼還眼無疑是對自己最有利的一種策略。這種策略在賽局論裡叫做「一報還一報」。提出這一策略的是美國密西根大學的一位學者。他是一個政治學家，研究方向是人與人之間的合作關係。

在開始研究之前，學者設定了兩個前提：一、每個人都是自私的；二、沒有權威干預個人決策。也就是說，個人可以完全按照自己利益最大化的目標進行決策。在此前提下，要研究的問題是：第一、人為什麼要合作；第二、人什麼時候是合作的，什麼時候是不合作的；第三、如何使別人與你合作。

在研究的過程中，學者組織了一場電腦類比競賽。其主要內容是：任何參加這個競賽的人都扮演囚徒困境案例中一個囚犯的角色，把自己的策略編成電腦程式，進行捉對賽局，在合作與背叛之間做出選擇。但與囚徒困境案例的不同之處是：他們不只玩一次這個遊戲，而是以單循環賽的方式玩上200次。

第一輪遊戲有14個程式參加，在捉對廝殺中，程式運轉了十幾萬次，最後按照總得分排出名次。勝出的程式是一個被稱為「一報還一報」的策略。

「一報還一報」是人類最古老的行為規則之一。它要求我們最初總以善意待人，在沒有被欺騙之前，永遠不要主動欺騙他人。但一旦發現他人的欺騙，下次往來時要毫不猶豫的報復、懲罰。懲罰過後，又回到起點，繼續善意待人。在這種行為規則中，永遠只須記憶最近一次的對方行為，寬容看待對方的過往行為，除了上一次的背叛。

很快，學者又安排了第二輪遊戲。這次有62個程式參加，其中還有不少程式針對上一次的策略做了專門改進。一場混戰的結果是，「一報還一報」

第十章　與其對抗還不如真誠合作

再次排名第一。

這兩次遊戲競賽充分證明了「一報還一報」策略的威力。學者後來曾公開徵集可能打敗它的策略程式，但20多年過去，還沒有程式能做到這一點。那麼這個具有相當威力的神奇策略到底是怎樣的呢？

其實很簡單，第一步合作，此後每一步都重複對方上一步的行動。對方合作我就合作，對方背叛我就背叛。這個簡單的程式之所以反覆獲勝，是因為它奉行了以其人之道還治其人之身的原則——人不犯我，我不犯人；人若犯我，我必犯人。並且用如下特徵最有效的鼓勵其他程式與它長期合作：善良、可激怒、寬容、簡單、不妒忌別人的成功。

善良是指它第一步總是向對方表達善意，它堅持永遠不首先背叛對方，一開始總是選擇合作，而不是一開始就選擇背叛或主動作弊；可激怒是指對方出現背叛行動時，它能夠及時辨識並一定要採取背叛的行動來報復，不會讓背叛者逍遙法外；寬容是指它不會因為別人一次背叛，就長時間懷恨在心或者沒完沒了的報復，而是在對方改過自新、重新回到合作軌道時，能既往不咎的恢復合作；簡單是指它的邏輯清晰，易於辨識，能讓對方在較短時間內辨識出其策略所在；不妒忌是指它不耍小聰明，不占對方便宜，不在任何雙邊關係中爭強好勝。

不要把對手逼入死角

如果狹路相逢都不懂得退讓，那就沒有真正的贏家，兩敗俱傷的結局難以避免。

如果凡事一定要爭個輸贏勝負，那麼必然會給自己造成不必要的損失。

這在現代社會的辦公室競爭中也隨處可見。但如果能運用寬容，網開一面，避免把對手逼入死角的辦公室爭鬥，相形之下則顯得更為可取。

小文和小王同時被一家公司錄用為祕書。

上班才幾天，他們便覺得奇怪，工作量根本不飽和，一個人足可應付，幹嘛要找兩個人？不久，從同事口中得知，公司本來只找一人，因看他倆都不錯，難以取捨，乾脆全找進來，但三個月試用期滿後肯定有一個要走人。

謎底揭開，兩人暗地裡較上了勁，關係越來越緊張，雖然表面上裝得一團和氣。他們的上司戴主任卻早看出來了，但他只是冷眼旁觀。

其後發生的一件事，令小文十分憤怒。那天下午戴主任讓他們草擬一份3000字左右的資料，第二天急著用。他們知道戰鬥又打響了，都想先趕出來。晚上兩人都留在辦公室加班，凌晨一點多時小王先寫完走了，小文則一直熬到三點多。

第二天剛上班，戴主任便找他們要資料，小王先交了上去，小文在電腦裡翻找了半天，稿子卻如蒸發了一般，怎麼也找不著。他急得滿頭大汗，對小王說：「真奇怪了，我明明存檔了！」小王漫不經心的說：「可能碰上病毒了吧。」這時小文看到小王眼中掠過一絲慌亂，他似乎明白了什麼。戴主任拿上小王的稿子匆匆出門去了，臨走前他深深望了小文一眼。

當晚，小文一夜沒睡好，巨大的憤怒如毒蛇般噬咬著他。毫無疑問，是小王昨晚溜回來將他的檔案刪了，小王知道自己電腦的密碼。想不到小王會使用如此卑劣的手段！小文想：怎麼辦？揭穿他？他肯定不會承認。向戴主任投訴？證據呢？或者，也看準機會害他一下，你不仁，我不義！但慢慢的，小文冷靜下來，如果這樣做，等於是火上潑油，兩人的矛盾只會越來越激化，使工作受到影響，最後兩敗俱傷。不行，我不能做這種傻事，還是寬

第十章　與其對抗還不如真誠合作

容一點好，即使被迫走人，也對得起自己的良心。小文終於決定了「投降」。

第二天上班時，小文坦然的笑著對小王說了聲：「早！」小王既詫異，又疑惑。下午，小文到戴主任辦公室取文件，戴主任問他：「昨天那稿子到底是怎麼回事？」小文笑著說：「我也不清楚，可能電腦中了病毒吧。」戴主任盯著他沉思了一陣，沒再說話。

之後一段時間，小文和小王之間雖然仍是淡淡的，但一直相安無事。

不久，他們面臨一項重要工作，幫老闆撰寫年度董事會工作報告。小王主動向戴主任請纓，戴主任沉吟了一下，說：「還是讓小文來執筆吧，他的風格比較對老闆的口味，你多做做其他日常工作。」小王頓時如霜打的茄子一般，悶悶的坐了回去。小文內心一陣欣喜，同時又感到疑惑：「主任為什麼指名讓我寫？自己文筆好是不假，但小王也非等閒之輩。是了！肯定上次的事主任有所覺察，莫非他是準備放棄小王了？」他看了看小王慘然的樣子，忽然有些不忍。

晚上，小文來到小王宿舍，小王正一個人悶悶的躺在床上，看到小文，他神情淡淡的。小文誠懇的道：「小王，我是來向你求救的。戴主任把這麼重要的任務交給我，你知道的，我文筆很一般，你寫文件是高手，我已經和主任說了，能不能請你幫幫忙？」小王先是驚愕，繼而露出了慚愧、感激的神情。他眼中泛著淚光：「小文，真想不到你心胸這麼寬廣，還這樣對我。其實上次檔案是我……」「過去的事不要再提了，」小文微笑著打斷他，「從今以後我們一定要團結，不管最後走的是誰！」兩人的手緊緊握在了一起。

第二天，他們分工合作，小文負責總結部分，小王負責計畫部分。他們相互切磋，相互鼓勵，不到半個月，初稿便出來了，交給老闆，老闆大為讚賞，略作修改便通過了……

小王和小文成了好朋友，同事們都覺得奇怪，這兩個天敵什麼時候握手言和了？

三個月到了，出乎意料，他倆都轉正了。談話時戴主任告訴他們，其實公司當初確實只打算留一個人，但看他們那麼團結，表現都那麼出色，最後決定，全部留下……

都說「狹路相逢勇者勝」，因此，在辦公室賽局中誰也不願意成為犧牲者，可是許多人又都過於自負，往往覺得自己會獲得最後的勝利。事實上，如果狹路相逢都不懂得退讓，那就沒有真正的贏家，兩敗俱傷的結局就難以避免了。

關於合作的六條忠告

平凡的人大多只能看見別人的缺點，而獨具慧眼的人卻能發現優點。

在競爭越演越烈的社會中，同事之間也不可避免的會出現或明或暗的競爭。表面上大家彼此可能相處得很好，實際情況卻不是這樣，有的人想讓對方工作出錯，自己則有機可乘，得到老闆的特別賞識。

美國史丹佛大學一位心理學教授認為，每個人都有足夠的條件成為主管，但必須要懂得一些待人處事的技巧，以下是教授的建議：

1. 無論你多麼能幹，具有自信，也應避免孤芳自賞，更不要讓自己成為一個孤島。在同事中，你需要找一兩位知心朋友，平時大家有個商量，互相通氣。

2. 想成為眾人之首，獲得別人的敬重，你要小心保持自己的形象。不管遇到什麼問題，無須驚惶失措，凡事都有解決的辦法，你要學習處變不

驚，從容面對一切難題。

3. 你發覺同事中有人總是跟你唱反調，不必為此而耿耿於懷。這可能是「人微言輕」的關係，對方以「老資格」自居，認為你年輕而工作經驗不足。你應該想辦法獲得公司一些前輩的支持，讓人對你不敢小視。

4. 若要得到上司的賞識與信任，首先你要對自己有信心，自我欣賞，不要隨便對自己說一個「不」字。儘管你缺乏工作經驗，也無須感到沮喪，只要你下定決心把事情做好，必有出色的表現。

5. 凡事須盡力而為，也要量力而為，尤其是在你身處的環境中，不少同事對你虎視眈眈，隨時準備指出你的錯誤，你需要提高警覺，按部就班把工作完成。創意配合實際行動，是每一位成功主管必備的條件。

6. 利用時間與其他同事多溝通，增進感情，消除彼此之間的隔膜，有助於你的事業發展。

　　任何人都會發現別人的缺點，但是不一定能輕易的找出別人的優點。這和人的眼光有關係，平凡的人只能看見別人的缺點，而獨具慧眼的人卻能發現優點。同樣一個人，如果你只看到他的缺點，自然無法喜歡他，但是如果你能發現他的優點，就會喜歡他了。

如果不能獲勝，就該謀和

　　在辦公室中，一個不知進退的人早晚會嘗到失敗的苦果。

　　許多比賽結局都是「零和」的：有人贏，就有人輸。但是在社會關係中，並不總是這樣。當然，人們都希望獲勝，可是當獲勝無望時，那麼爭取到「平局」也不錯，至少比輸要好。

在現代社會，多數競爭已不再是「你死我活」的，從「地球上抹掉敵人」的情況少之又少。賽局論告訴我們，當人們必須長期共處時，合作和妥協往往是明智的選擇。既然難以「畢其功於一役」，我們就該把目光放長遠一些。「妥協」是雙方或多方在某種條件下達成的共識，在解決問題上，它不是最好的辦法，但在沒有更好的方法出現之前，它卻是最好的方法，因為它有不少的好處。

可以避免時間、精力等「資源」的繼續投入。在「勝利」不可得，而「資源」消耗殆盡時，「妥協」可以立即停止消耗，使自己有喘息、休整的機會。也許你會認為，「強者」不需要妥協，因為他「資源」豐富，不怕消耗。問題是，當弱者以飛蛾撲火之勢咬住你時，強者縱然得勝，也是損失不少的「慘勝」，所以強者在某種狀況下需要妥協。

可以藉妥協的和平時期，來扭轉對你不利的劣勢。對方提出妥協，表示他有力不從心之處，他也需要喘息，說不定他根本要放棄這場「戰爭」。如果是你提出，而他也願意接受，並且同意你所提的條件，表示他也無心或無力繼續這場「戰爭」，否則他是不大可能放棄勝利果實的。因此「妥協」可創造「和平」的時間和空間，而你便可以利用這段時間來引導「敵我」態勢的轉變。

1. 可以維持自己最起碼的「存在」。妥協常有附帶條件，如果你是弱者，並且主動提出妥協，那麼可能要付出相當大的代價，但卻換得了「存在」。「存在」是一切的根本，沒有存在就沒有未來。也許這種附帶條件的妥協對你不公平，讓人感到屈辱，但用屈辱換得存在，換得希望，也是值得的。

2. 「妥協」有時候會被認為是屈服、軟弱的「投降」動作，但若從上面所提幾點來看，「妥協」其實是非常務實、通權達變的智慧，智者都懂得在恰

當時機接受別人的妥協，或向別人提出妥協，畢竟人要生存，靠的是理性，而不是意氣。

何時「妥協」？怎樣「妥協」？要看狀況：

1. 要看你的大目標何在，也就是說，你不必把資源浪費在無益的爭鬥上，能妥協就妥協，不能妥協，放棄戰鬥也無不可。但若你爭取的是大目標，那麼絕不可輕易妥協。

2. 要看「妥協」的條件，如果你占據優勢，當然可以提出要求，但不必把對方弄得無路可退，這不是為了道德正義，而是為了避免逼虎傷人，是需要利害權衡的。如果你是提出妥協的弱勢者，且有著不惜玉石俱焚的決心，相信對方會接受你的條件。

總之，「妥協」可改變現狀，轉危為安，是戰術，也是策略。

惡性爭鬥只能導致兩敗俱傷

我們都愛戴勝利者。無可否認，獲得輝煌成就的超級強人出現了，不管是商界鉅子還是體育明星，都會帶給我們某種狂熱的衝動。有英雄存在，會激勵我們努力拚搏。英雄成了人們的榜樣、導師和楷模。

遠看英雄，總覺得他們完美無缺。遺憾的是，有些人功名顯赫，有口皆碑，但是他們的強勢姿態給了他人太大的壓力。有這樣一句話：「在僕人眼裡，沒有什麼偉人。」一旦「偉人」是你的上司，你會發現，和他們相處實在不是什麼美好的事。

其原因在於：爭強好勝者走向極端，為了達到自己的目的，不會顧忌對他人的影響和傷害。這些「強者」、「偉人」都擁有極強的好勝心，即所謂「戰

天鬥地，其樂無窮」。可是不是每一次爭鬥都是必要的呢？是不是可能找到更好的辦法解決問題？

為什麼要爭鬥？人們會回答：為了爭奪某種東西。可實際上，我們的很多爭鬥，只是為了壓倒對方，即是為了「爭那一口氣」。

人也是動物，可是人和其他動物的不同之處是：人會「鬥氣」，其他動物雖然也會相鬥，但不會鬥氣。

為什麼會「鬥氣」？這也可以用威懾理論回答：越是贏家威懾力越大，在競爭中優勢越明顯。這當然是對的，但是爭鬥或壓倒對手，只是手段，而非目的，可我們在「鬥氣」時常常忘了這一點。

鬥氣會模糊掉你應追求的目標。例如夫妻鬥氣會妨礙家庭幸福；同事鬥氣，會影響組織的效率；兩家公司鬥氣，會互相毀滅；兩個國家為鬥氣而打仗會使民不聊生。為「氣」而投下時間、精力、金錢，都是不值得的，

鬥氣會使理性失去清明。「氣」是屬於情緒型的，「氣」的存在，使人呈現出感性的一面，但若上升到要「鬥」的程度，則會使理性失去清明，讓人做出錯誤、甚至後悔莫及的決定。鬥氣有時會中了對方的圈套，或許他知道你容易動「氣」，所以故意挑逗你，把你引到歧路，讓你因此毀滅；或許他不知道你是不是容易動「氣」，但激一激你，可以了解你的底細，而他的目的，當然也是為了自己的利益。

鬥氣會使人格變小，忘了除了戰勝對手，還有許多值得追求的目標、值得實現的價值、值得享受的快樂。在《莊子》中，有一個「蠻觸相爭」的可笑故事：在蝸牛的觸角上，分別有兩個國家，它們為了爭奪地盤，連日征戰，屍橫遍野，卻不知蝸角外，還有更廣闊的天地。

出賣別人的人，同樣也會被出賣

有人說，在這個世界上，人人都希望自己不吃虧，人人希望別人對自己誠實，要是對方欺騙了自己，自己上了當，受了騙，那一定會對對方懷恨在心的。因此，沒有人不喜歡誠實的人。

在職場上，流傳著這樣一個故事。有一位求職者到一公司去應徵，由於各方面的條件都還不錯，他很快便從眾多的應徵者中脫穎而出。面試的最後一關，由公司的總裁親自主持。當這位求職者剛一跨進總裁的辦公室，總裁便驚喜的站起來，緊緊握著他的手說：「世界真是太小了，真沒想到會在這裡碰上你，上次在某地遊玩時，我的女兒不慎掉進水中，多虧你奮不顧身的下去把她救起。我當時由於忙，忘記詢問你的名字了。你快說，你叫什麼名字？」這位求職者被弄糊塗了，但他很快便想到可能是總裁認錯人了。於是，他平靜的說：「總裁先生，我從來沒有在那裡救過人，你一定是認錯人了。」但無論這位求職者怎麼解釋，總裁依然一口咬定自己不會記錯。求職者呢，也犯起了倔強，就是不承認自己救過他的女兒。過了好一下子，總裁才微笑著拍了一下這位求職者的肩膀，說：「你的面試通過了，明天就可以到公司上班，你現在就到人事部去報到吧。」

原來，這是總裁精心導演的一場心理測驗：他口頭製造了一起「救人」事件，其目的就是要考察一下求職者是否誠實。在這位求職者前進來的幾位，因為都想將錯就錯，趁機攬功，結果反被總裁淘汰了。而這位求職者卻在面試的時候，成功的展示了自己的誠實美德，所以成功的找到了理想的工作。

其實，人們喜歡誠實的人也是一種很正常的心態，誰願意和一個撒謊的

人打交道？弄得不好，不知什麼時候就會被他欺騙。和不誠實的人在一起，哪個不心驚肉跳！和誠實的人在一起，哪個不輕鬆自在！

有兩個年輕人，因實在忍受不了原來老闆的敲骨吸髓式的剝削，一同跳槽到另一家廣告公司。一到新公司，他們想了多年的薪金底數不僅拿到了手，而且老闆還三天兩頭請他們單獨進餐，說他們人才難得。

老闆這麼待他們，當然要盡力相報，年輕人施展開自己看家本領，為客戶設計了幾套廣告方案，客戶連連說好。結果，有一天晚上老闆一高興，又請他們來到當地最負盛名的酒吧吃宵夜。幾杯酒下肚，老闆好像是順便問起他們在原來的公司的情況，一個年輕人說，「您也知道，假如老闆對我有您一半的好我也不會跳槽呀！」老闆把玩著手中的酒杯，好像朝著酒杯感嘆道：「人生難得遇知己呀，遇到知己為什麼，成就一番事業這才是最重要的呀！」老闆看了他一眼，接著說，「我知道你在原來的廣告公司的職位，我也知道你在原來的廣告公司有不少客戶群，只要你動員他們過來，成與不成，我保證你比原來的職位還要高。」說完，老闆側著頭斜視著年輕人，等年輕人的答覆。

「這事我不能！」年輕人說。

「為什麼？」老闆仍用原來的眼神盯著年輕人，好像不會輕易放過年輕人似的。

「不為什麼，這是我做人的原則。」年輕人也用同樣的眼神看著老闆。

「要知道，他是怎麼對你的，他不要你了，你有必要還維護他的利益嗎？」

「我這不是維護他的利益，我這是在維護自己的尊嚴。」

聽年輕人這樣說，老闆一言不發。

第十章　與其對抗還不如真誠合作

　　也就是從那天起，年輕人見到和他一起跳槽過來的同伴逐漸和老闆接觸得多了起來，有幾次還坐著老闆那輛「BMW」出出進進的，很是風光。

　　其間，同伴曾悄悄告訴他：老闆說了，只要把過去的客戶拉過來，將要好好對他。

　　此話果然不假，那一段時間，同伴的電話最多，找他的人也最多。這樣過了兩個多月，老闆在全公司的會議上宣布：明天，將做出一項重大決定，有一個人將會離開公司，有一個人將會成為這家公司的副總。

　　走出會議室後，同伴悄悄對年輕人說：「怪你自己！」

　　沒想到第二天的結果是：年輕人成為了公司副總，而同伴卻離開了公司。

　　年輕人不理解，問老闆：「為什麼要選擇讓他離開？」

　　「他能把別人的祕密告訴我，也會把我的祕密告訴別人。趁著他對我的公司還不熟悉就讓他走，否則我公司的商業祕密，可就要危險了。」

　　這件事看起來很奇怪，對方把祕密告訴自己，反而把人開除；不把祕密告訴自己的人，反而受到重用。老闆是不是吃錯藥了？其實，這老闆精明得很，因為他知道，對別人誠實，對自己也會誠實；出賣別人的人，到頭來也會出賣自己，精明的人當然知道這個道理。

　　一位著名的企業家也說過，一個老實人的價值往往超過 100 個聰明絕頂的人。因為我們只有用這樣的人才會放心，企業才會有效益。你可以沒有文化又沒有技術，但如果你具備別人沒有的良好品行 —— 老實，這就是你最大的財富，擁有這筆龐大的財富，你終有出頭之日。

　　知道了吧，這就是老實人受青睞的根本原因！

第十一章　讓影響力提高辦事效率

勇敢去敲老闆的門

是選擇大公司，還是選擇小公司，這個問題如同哈姆雷特的天問「To be or not to be」一樣縈繞在每個職場人士的心頭。

也許，選擇大公司的一個不可避免的劣勢就是群雄逐鹿，個人往往會淹沒在高手如雲的氛圍中，而自己逐漸淡化為一幕容易被人忽略的背景。事實上，這就如同在男女比例嚴重失衡的大學尋找女朋友一樣 —— 不是自己不優秀，而是自己不夠優秀。

你可能會感到疑惑，放眼望去，幾乎每個人都是狀元，幾乎每個人都是立地書櫥，幾乎每個人和你一樣懷著同樣的目標和夢想！每個人都彷彿是一臺強大無比的機器上的一個齒輪而已，怎樣才能讓自己脫穎而出呢？

脫穎而出的方法有許多種，你可以像歌手一樣吹拉彈唱，你可以拍攝一段影片，你可以騎車橫衝「製造」一起交通意外和姻緣，你可以像某個姐姐一樣把自己的尊容張貼在布告欄的每個角落。

第十一章　讓影響力提高辦事效率

　　工作中也是如此。每位員工都是企業中的一個螺絲釘（這種說法似乎已經過時了），而怎樣才能成為一個引人注目的螺絲釘呢？當然，僅僅引人注目是不夠的，我們必須要成為我們希望成為的螺絲釘。

　　我們並不需要身穿奇裝異服或者標新立異來突出自己，我們需要做的是：讓所有人知道你的想法、夢想和目標。

　　沒有任何家庭背景，沒有留學過，沒有 MBA 學歷，唯有清寒的家境與奮鬥意志，卻成為企業 CEO，這不是神話，而是一段真實的故事。

　　大學畢業後，他有幸進入 IBM，兢兢業業的從基層做起，連續十年進入「業務人員百分俱樂部」，一共獲得十枚徽章，直到現在都沒有人打破這項紀錄，被稱為 IT 界的「拚命三郎」。

　　在 IBM 做了十五年後，他勇敢的去問老闆：「你老實告訴我，我到底有沒有爬到金字塔尖的機會？」

　　老闆在沉默了一下後告訴他：「機會不大。」

　　的確機會不大。在過去的十五年中，他已經輪調了大部分的行政部門，在不同的工作職位歷練過；一旦有任何主管職位空缺，他就會主動去爭取，靠的是常常問老闆：「如何才能坐上您現在的位置」、「您的核心競爭力究竟是什麼」。

　　不過，通常他得到的回答都是否定的。

　　這與 IBM 的升遷制度有關，而 IBM 的升遷制度一直存有「輩分」與「派系」問題，這是困擾他走向前方的最大障礙。

　　如果換成是你，你會怎麼做？

1. 繼續留在原公司。在 IBM 做到退休可以領上千萬的退休金，而這足以讓自己的後半生衣食無憂了。

2. 再觀察一段時間。既然已經在這裡工作了十五年，多觀察一段時間也無妨。等再次出現職位空缺的時候，努力爭取看看結果如何再做決定。

3. 放棄目前的工作。既然公司的文化決定了前進的希望微乎其微，不如選擇另外一條道路。

他的決定又是什麼呢？

他毅然決定放棄 IBM 的優厚待遇和將來能得到的豐厚退休金，轉投他處發展，使他的職業生涯獲得了更大的發展空間，職場生活得到了更多的快樂。

許多家庭背景、教育程度、從業經驗都要比他優越很多的人士並沒有獲得和他一樣的成就。為什麼他能夠獲得成功？他把自己的成功經驗歸結為「勇於去敲老闆的門」。他每隔一段時間，就直接去問老闆：我需要補充哪些條件？我未來有哪些升遷機會？要如何才能跟你一樣？

他的忠告是：「埋頭苦幹時代已經過去，PIE，即 Perfolxilance 工作績效、Image 個人形象、Exposure 個人能見度，三者的比例分別是 10%、30%、60% —— 成為職場成功關鍵因素。過去多數員工以為，只要擁有一技之長就可行走江湖；然而，在專業越趨精密的分工之下，遊戲規則已經變成『專業只是職場競爭的入場券』。相形之下，透過專業所反映的『個人形象』，以及『是否有廣大的人際網絡』，提高自己被人知曉的『能見度』更為重要。」

仔細研究他在職場的成功之道，發現還是不無玄妙。儘管職場上不少做得好的人都得到了老闆的青睞，但也有很多具有非凡的才幹，也做出了很多貢獻的人，卻由於種種原因而沒能進入老闆的視野。有的可能是因為老闆患了「近視」、「老花」之類的毛病，有的是因為老闆位居高層，日理萬機，難

第十一章　讓影響力提高辦事效率

免有些死角看不見。在這樣的情況下，這些人苦苦等不到機會，缺乏更大的舞臺，才華被淹沒了，始終無法嶄露頭角。

　　勇敢去敲老闆的門，不單是指去敲老闆辦公室的門，而是當碰到老闆下的指示、方向與自己原先的想法不同時，能夠根據事實，以平穩的語氣和尊重的態度去問老闆「為什麼」。一個勇於去敲老闆的門，勇於向老闆提出不同意見，提出自己的期望和努力方向的員工，首先是一個積極向上的員工。這樣的員工，有理想，有抱負，有出眾的才華，有執著的精神，老闆稍加提攜，就能夠做成大事，為企業獲得良好的業績。

　　人人都有做夢的權利，都可以去實現自己的夢想。對於職場上的任何人來說，勇敢的去敲老闆的門，說出自己的期望與努力的方向，也許就會為自己敲開一扇連自己都不敢相信的成功之門。

　　即使你僅僅是公司的一位櫃檯接待，也不妨找機會告訴公司的客戶服務經理，你希望成為一名優秀的客戶服務人員（或者其他，總之是你想要的）。不過，需要提醒的是，說到一定要做到。當你下定決心的時候，你一定要詢問自己：為了實現自己的目標和理想，我現在應該做些什麼？我今天從其他客戶服務人員身上學到了什麼？我今天是否朝我的目標前進了一步？如果今天客戶服務部門接納我，我是否可以馬上投入到工作中去？如果答案是否定的，我還應該學些什麼？如果你對上述問題還存有疑惑，一定要毫不猶豫的和相關員工交談，和決策者交談，和你認為對你實現目標有說明的人交談。如果你可以做到這一點，你會發現，願意向你提供意見和建議的人遠遠超出你的想像 —— 有人甚至會主動幫你聯絡工作機會也說不定。

　　不過，在敲開老闆的大門之前，一定要首先思考好以下幾個問題。

1. 一定不要過分吹噓自己，而要實事求是，表達出自己的意願和目標就可

以了。你可以主動提出一些問題，也可以解答對方的疑慮；你可以發表自己的看法，也可以傾聽對方的觀點。即使你認為自己只不過是芸芸眾生中的一個，也應該盡情嶄露自己最閃亮的一面。

2. 如果你實在缺乏足夠的勇氣，可以採納建議：撰寫電子郵件。其優點至少包括以下兩個方面：

   A. 隱私性較高。

   B. 你可以有效控制整個交流的過程。除此之外，如果對方也是一位鍾愛電子郵件溝通的人士，那麼，你收到回覆的可能性就大大增加了。在撰寫電子郵件之前，最好把自己的語言組織一下，這樣就會言之有序、富有條理。如果你實在沒有把握，最好先發一封給自己檢查一下。順便把自己想像成對方，檢查一下自己的電子郵件中還有哪些可以修改和完善的地方。精雕細琢之後，你就可以在彈指之間把郵件發送給對方了。當然，即使你最後覺得面對面的溝通更為直接，撰寫郵件的過程也不會是一場無用功，因為它可以讓你的思路更加清晰。

3. 許多員工擁有非常好的想法，但是怯於把它們表達出來；於是，一次次的大好時機就會與他們擦肩而過了。俯首甘為孺子牛的精神固然沒錯，不過，我們同樣可以在不用揚鞭自奮蹄的時候仰起自己高昂的頭。埋頭苦幹是一種精神，而不是一種行為；我們所提倡的是一種仰頭苦幹的態度。事實上，怯於表達自己不僅成為束縛自己發展的緊箍咒，而且會成為整個公司無法大展身手的枷鎖。如果每一個人都把自己的頭埋起來，如同大自然中的鴕鳥一樣，我們所失去的不僅僅是與他人接觸、溝通、分享的經歷，還包括讓他人了解自己能力、目標和夢想的機會。

因此，我們可以這樣說，我們每個人都是公司這個整體之所以成為整體的一個個要素。整個團隊需要你，整個部門需要你，整個公司需要你 —— 需要的不僅僅是你的工作，更需要你的參與、你的意見、你的想法、你與每個人的溝通和交流！企業的管理人員沒有太多的時間和精力與每一個員工交談並吸納最好的建議，這個本身屬於他們的責任現在就落在你的肩膀上。記住，這是你的責任，而不是他們的責任。那麼，你現在還等什麼，趕快去敲響經理的門吧。

注意顯示自己的羽毛

孔雀開屏，是雄孔雀向雌孔雀求愛（發情）的性誘惑。雄孔雀為了逗雌孔雀高興，展開自己身體最華美的部分，以令雌孔雀動心。雌孔雀在這種時候，往往忍受不了雄孔雀的性誘惑，甘願打開身體之門，接受雄孔雀的愛情舉動。

孔雀開屏，以示其美，多有收穫。人在他人面前，要想被欣賞，也少不了顯示自己的長處。在學校讀書時，運動員、演員或其他出眾的人（已顯示自己的才華和長處），容易被他人青睞，或被導師選中當學生幹部，或被女生選作戀愛對象，或被同伴捧為一山之王。

在社會中也是如此，你跑在別人前面，就能夠得到奧運獎牌；你身懷絕技，就能夠得到他人的重用；你有及時雨宋江的才幹，就引領一百零八好漢。早在唐太宗時，薛仁貴就是因為單槍匹馬廝殺在千軍萬馬之前，而被唐太宗一眼看中，才使薛仁貴離開火爐軍（之前，薛仁貴只是軍中的一個伙夫），成了威鎮敵我的曠世將軍，也才有了薛仁貴征戰東西的故事。相反，不顯示自

己的長處，就會像蘭花遮掩在雜草中。

俗話說，是驢子是馬，牽出來溜溜。這是要看看你到底有什麼能耐，以決定褒貶取捨。人們也是在根據你的才華和能耐而決定對你的好惡親疏。可見讓他人意識和發現你的長處是何其重要。如果你不想歸隱山水，放浪江湖，你便要恰到好處的展示自己，以利於你的發展。

舉一個例子，在大庭廣眾，或 Party 中，如果你少說話，少表演，無論你多麼了不起，也不會有人注意你，除非你已大名赫赫，那些人都認識你（你早已顯示過你的長處了）。總之，一個人，他人不知道你是誰時，一般不會向你表示友好和尊重。知道你是誰，也即是知道你的身分、地位和長處，這需要別人的介紹，或你讓他們知道。

讓別人知道你的長處、你的價值固然重要，這是社會交際的一個重要籌碼，但顯示自己的長處，要貼切、自然、恰到好處，合情合理，比較正當。如參與競技、解決困難、孤膽闖危、一己擔載，等等。

有一個衣衫襤褸的少年，到摩天大樓的工地，向衣著華麗的承包商請教：「我應該怎麼做，長大後才能跟你一樣有錢？」

承包商看了少年一眼，對他說：「我跟你講一個故事：有三個工人在同一工地工作，三個人都一樣努力，只不過，其中第三個人始終沒有穿工地發的藍制服。最後第一個工人現在成了工頭，第二個工人已經退休，而第三個沒穿工地制服的工人則成了建築公司的老闆。年輕人，現在明白了嗎？」

少年滿臉困惑，聽得一頭霧水，於是承包商繼續指著前面那批正在鷹架上工作的工人對男孩說：「看到那些人了嗎？他們全都是我的工人。但是，那麼多的人，我根本沒辦法記住每一個人的名字，有些甚至連長相都沒印象。但是，你看他們之中那個穿著紅色襯衫的人，他不但比別人更賣力，而且每

天最早上班，也最晚下班，加上他那件紅襯衫，使他在這群工人中顯得特別突出。我現在就要過去找他，升他當監工。年輕人，我就是這樣成功的，我除了賣力工作，表現得比其他人更好之外，我還懂得如何讓自己與眾不同，以獲取成功的機會。」

有句格言說：「假如所有的人都向同一個方向行走，這個世界必將覆滅。」同樣的道理，做任何事都按照大多數人的方式行事，那麼你勢必很難在茫茫人海中脫穎而出。

公司一家親，斯人獨憔悴

小包在一家小型印表機耗材批發公司工作，整個公司的員工不到 20 個人。當他正式上班後，他才知道，這是一家典型的家族制企業：公司銷售總監宋德文和公司營運總監宋德武是兄弟倆，而公司的總裁宋浩則是他們的叔叔。在宋德文擔任銷售總監之前，他爸爸一直擔當此重任。一年前，他爸爸決定退休以享餘年，而剛剛從某個著名商學院畢業的宋德文及時補缺，讓公司的生意不至於停頓下來。

儘管在小包眼中，宋德文的確是一位優秀的經理，做事乾淨俐落，思維嚴謹縝密；但是，宋德武卻不是一個合適的人選：工作做得不好不說，還經常惹出不少事端。

宋德武負責公司的全盤營運，主要是確保公司的電腦系統、訂單處理系統和日常管理流程有條不紊的正常運轉；不幸的是，當機、混亂是家常便飯。不過，無論遇到什麼意外，宋德文總是站在自己弟弟這邊，而對其他人大呼小叫 —— 當然，最後的結果往往是小包一件一件的處理宋德武造成的各

種麻煩。

除了小包之外，其他銷售人員也對宋德武的工作牢騷不止。但他們只是私下議論而已，誰也不敢把話捅到宋德文耳邊，畢竟他們兩人骨肉相連、血濃於水。儘管負責訂單處理、開發客戶和客戶服務的員工並非是老闆的家族成員，但是重要職位（例如大客戶經理、產品經理、財務經理）的人選都能從這個家族的家譜上找到血緣關係。

今天不知道是宋德武倒楣還是小包倒楣，拿到小包手裡的報價單上出現了一個印刷錯誤。但是，誰也沒有注意到這個錯誤，將近下班的時候才有人指了出來──此時，小包已經發出了多份訂單。

還好大部分都是老客戶，小包費盡了口舌總算撤回了訂單；但唯獨一個客戶卻不依不饒，非要公司按照訂單上的價格發貨。

小包倒吸一口涼氣，如果按照訂單上的價格，公司不僅一分錢不賺，除了運費之外每件耗材還要倒貼 500 塊錢。

沒辦法，他只好找自己的頂頭上司宋德武，把事情的來龍去脈簡述一遍。

「你怎麼這麼粗心，標價錯了你也看不出來？」宋德武惡狠狠的盯著小包。

小包嘴上沒敢吭聲，心裡可一百個不服氣：「我又不知道產品線是怎樣定價的，而且我也犯不著一個一個核對啊。」

「不吭聲？」宋德武提高了音量，「那就是不服氣了？」

「報價又不是我做的。」小包嘀咕了一聲。

「不是你做的你就可以撒手不管了？」宋德武揚著手中的報價單，「那還要你們做什麼，乾脆買一臺電腦得了？」

「我也不能每個都審一遍啊。」小包覺得不平，「再說了，財務還要簽字呢，他們負責把最後一道關。」

無論是財務部還是產品線都是宋氏家族的天下，外人根本無法動搖其根基。

「你的意思是說自己一點責任都沒有？全都是別人的錯？」

「我不是這個意思，也不想推卸自己的責任；我只是想該怎麼處理現在的客戶。」

「該怎麼做你看著辦。」宋德武撂下最後一句話，「公司少一兩個客戶照樣運作，但是，你要少一個客戶就可能完成不了指標。」

態度固然強硬，但他說的的確是實情。

「這個世界真不公平。」小包無奈的嘆了口氣。

如果換成是你，你會怎麼做？

1. 嘗試在以後的工作中多接近宋德文，好讓自己盡快「成為」宋氏家族的一員。

2. 盡可能多的幫助宋德武，讓他意識到你的價值，感激你的支持，從而在他獲得晉升後為你開闢更寬闊的道路。

3. 和宋德文談談當前的問題，共同找到一個對客戶和公司都有利的解決方案。

4. 詳細記錄宋德武所犯下的每件錯事，然後呈報給宋德文。

5. 和宋德武當面談一談，為如何提高公司的營運效率提出自己的見解和建議。

的確，小包所在的世界就是不公平的，事實上，整個世界不見得就是公

平的。但是，如果你在一家小型家族企業工作，而你的職位僅僅是基層管理人員甚至是一線員工，那麼，試圖透過你的努力讓整個系統更公平，幾乎是不可能的。

偶有例外，那就是家族企業內訌，或者家族企業的主要領導者儼然已經成為阻礙企業繼續發展的障礙，其他成員不得不將他貶到一個不太重要的職位，或乾脆逐出公司以澈底消除隱患。不過，除非發生如此驚天動地的動盪，尸位素餐的家族成員仍然會盤踞高位，在一位或者幾位家族成員的保護傘下過著悠哉的日子，他們可能會幫助他完成工作、修補錯誤，甚至轉嫁責任。在他們眼中，這樣做與幫助家中弱小殘障的親人並無二致。這樣一來，公司的工作也能照樣完成 —— 儘管工作效率大大降低，效果也相形遜色。但是，在其他非家族成員眼中，這種安排和編制是和公平相違背的。因此，如果你不是銜著通靈寶玉出生的，那麼，你應該調整自己適應這種環境，將自己的身軀同樣掩藏在某個家族成員的保護傘下，即使你認為這種工作方式既不是最有成效的，也不是最能體現公平精神的。

有一種方法，儘管不能完全解決當前的問題，但是至少可以讓你對當前的處境更加滿意，那就是試著去了解其他家族成員為什麼會眾星捧月般凝聚在某位核心成員（例如宋浩）周圍。只有這樣，你才能更坦然的接受當前的事實；只有這樣，你才能更安心於當前的工作；只有這樣，你才能在不公平的逆境中發掘更多的公平。

事實上，小包就是這麼做的。

首先，他與宋德文進行了一次一對一的會談，讓他進一步了解到當前發生的問題究竟是怎樣的，並指出其他員工對某些家族成員滋生的不滿並非一日之寒。同時，他還提出了自己對於如何解決當前問題的看法，例如為

第十一章　讓影響力提高辦事效率

宋德武提供關於領導、管理方面的培訓課程，以便讓他在工作的時候更遊刃有餘。

「噢，原來是這樣。」宋德文聽完後感嘆了一聲。之前，他一直把自己的角色定位為替自己的弟弟解決麻煩、清理障礙；但是，他從來沒有意識到問題的嚴重程度究竟如何。

「如果真的像你說的這麼嚴重，」宋德文向小包保證，「公司的確需要做出一些改變，這既是為了你們著想，也是為了公司著想。」

當然，小包也不想讓自己看起來只是一個搬弄是非、製造麻煩的人，他同樣和宋德武約了一個時間靜坐下來好好聊一聊。

「那天的事我很抱歉，」小包先從自我批評開始，「我知道自己太疏忽了，給您惹了不少麻煩。」

「也不能全怪你，」宋德武的口氣比起前幾天緩和了許多，多半是因為只有兩個人在場的關係，「發生這樣的事，誰都不願意看到。何況，產品線、財務部都有責任。」

「謝謝您這麼體諒。」小包話題一轉，「不過，現在我們該怎麼辦？我的意思是說，該怎麼處理那個不肯收回訂單的客戶？」

「我會找機會和他談談。」宋德武表現出一副胸襟廣闊的樣子，「我想多年的老客戶不會不給我們面子的。」

「那就太謝謝您了，宋總，我都不知道該怎麼感謝你才好。」

「這麼客氣幹嘛？我們都在一個公司工作，不幫你幫誰？」

「我聽說宋總你最近要參加一些培訓，是不是真的？」小包問道。

「噢，是的。」宋德武點了點頭，「你可能也知道，我在管理方面是個大外行，對銷售也並不怎麼在行，所以，充充電是大勢所趨啊。」

「其實，宋總你在管理方面已經無可挑剔了，」小包沒有忘記適時的奉承一下，「所謂的培訓只不過是讓知識、技能更系統化而已。」

「哪裡！哪裡！」宋德武嘴上雖然否認，但是肚子裡卻揣著高興，「還有不少地方要改進。」說到這裡，宋德武停頓了一下，「拿我們公司使用的軟體系統來說，你在日常使用的時候有沒有發現什麼問題？」

「總的來說還是不錯的，」小包步入正題，「如果說要改進的話，還是有一些值得商榷的地方。」

「你說說看。」宋德武也不希望自己只是被別人豎起來的幌子。

「那我就姑妄說之，您就姑妄聽之。比方說我們的系統並沒有保留客戶以往的購買和回款紀錄，這樣我們就沒有辦法評定他們的重要程度和信譽等級了。我想，我們可以逐漸建立一個更豐富、更詳盡的客戶資料庫，根據不同的信用等級確定時間長短不同的帳期，這樣既能鼓勵老客戶多從我們這裡進貨，也能更有效的避免發貨給垃圾客戶，減少公司不必要的損失。您看怎麼樣？」

儘管這只是一項小小的提議，宋德武卻滿心歡喜，畢竟，這也是困擾他已久的難題。顯然，小包適時的伸出援手，不僅可以迎合和討好宋德武，而且還能讓這個大家族的其他成員另眼相看，從而為自己明天的騰飛搭建一個寬闊、平坦的跳板。

如果你不是家族企業中的家族成員，你的職業前途上將會平生幾道坎坷——尤其是在中小企業更是如此。在一些大型企業，即使有家族成員把持朝政，他們的影響力就會被龐大的員工團隊和管理團隊稀釋殆盡。何況，在股東面前的承諾也會讓他們不得不承受更大的壓力，盡可能的將沒有實際貢獻的家族成員排擠出局，以免在公眾的質疑中下不了臺。

第十一章　讓影響力提高辦事效率

　　但是，如果在你的公司中，幾位家族成員一手遮天，而你恰好又不是他們中任何一人，那麼，會發生什麼呢？除了離開這家公司、另謀高就之外，你還有其他的選擇餘地嗎？

　　要知道，你面對的是野心勃勃的建設著自己王國的老闆們，洞察他們的思維習慣對你很重要。在傳記《洛克斐勒王國》中，作者講述了一個非常有趣的故事。從這個故事中，你就可以更好的理解以上所說的老闆的思維習慣。

　　有一次，作者以洛克斐勒私人演講撰稿人的身分參加了在洛克斐勒的家鄉舉行的政府預算會。洛克斐勒根本不顧及赫特是一個博士和「政府財政權威」的面子，允許他幾歲的兒子不斷的打擾自己。作者最後是這樣總結的：「納爾遜．洛克斐勒正在向他兒子傳授一個無須用語言表達的道理 —— 這也是他從他的父親那裡學到的：這些人都是為我們洛克斐勒家族工作的，無須顧及他們的年齡、地位，他們都是屬於你的。」

　　當然，家族企業的所有者們並不是所有人都和洛克斐勒的想法一樣；然而，如果你正在家族企業裡作為副手服侍父親或母親，那麼，你就要做好準備作為副手去輔佐他們的兒子。無論你是多麼的才華橫溢，無論你對企業是多麼的至關重要，你都要養成一個習慣，那就是：好好對待他們的孩子。在這個孩子生日的時候或畢業的時候都要參加他的宴會，因為他將很快就會成為你的老闆。

　　我們的建議是，如果你希望繼續留在這裡，如果你無法衝破家族的保護傘，那麼，你應該思考一下：該如何支持、擁抱和幫助他們，成為他們圈子中的一員。

　　不要只想著抱怨，不要只知道不滿，而要以解決問題為導向，嘗試找到

解決問題的辦法 —— 讓自己看起來並不是一個吃閒飯的，而是一個可以依賴、可以信任的左右手。這樣一來，你不僅可以有效解決當前的問題，而且還能讓自己的職業快車多一份動力 —— 即使不公平仍然位居主流，旁系支流同樣可以奔騰入海，匯入汪洋之中。

任何一個在家族企業的夾縫中生存的人都可以從以下職場箴言中受益匪淺。

1. 即使世界、生活和工作是不公平的，想想看，你該如何做到最好吧。
2. 不要總是抱怨問題，而要設法想出解決問題的辦法。
3. 如果你能夠向家族成員中任何一位伸出援手，他們整個家族都會向你伸出援手。
4. 如果你不能成為解決方案的一部分，那麼，你就會成為問題的一部分。

即使不是家族企業，其他公司中也同樣存在著任人唯親的裙帶關係。

該說是說是，該說不說不

與他人多溝通的一個好處就是拓展自己的人際關係，提高自己的工作績效；但是，這並不是說明它有百利而無一害，至少它會讓你的工作增加更多的頭緒。例如，你正在凝神沉思的時候，你的同事可能會向你請求幫助，你會怎麼做？畢竟，在與對方溝通的時候，你也曾經提到過「如果需要任何協助，算上我一個」，沒有忘記吧？

給予一個肯定的回答自然是皆大歡喜，但是這可能會讓你原本的工作計畫中途分叉。但是，應該怎麼辦？難道要說「不」？

是的。

小高就遇到過類似的事情。

剛上班，他的老闆把他叫到辦公室裡。

老闆交給他一份文件：「這份文件很緊急，我希望你馬上送到 B 公司去。記住，一定要親自交給 B 公司的老闆，不得有任何延誤。」

老闆都下命令了，你能怎麼辦？

也許，唯一可以做的就是遵守和服從。

不過，小高現在手上正在忙著 C 公司的需求分析報告呢。上個禮拜，公司和 C 客戶公司簽訂了企業庫存管理系統軟體的開發協定，總金額在 1,000 萬之上。C 公司要求最遲在星期四 —— 也就是第二天 —— 向他們遞交一份系統需求分析報告，並就需求分析報告提出一些相關問題。

今天，小高剛完成需求分析報告，但是，還沒有和專案組其他成員協商和溝通。如果今天要忙老闆的事情，那麼，第二天向客戶匯報的時候可能會有麻煩。但是，如果拒絕老闆的命令，那麼，他馬上可能就會有麻煩。

如果換成是你，你會怎麼做？

1. 答應老闆。畢竟，老闆就是公司的老大，他的命令就是絕對的權威，應該在任何時候放在第一位。至於需求分析報告的事情，和專案組其他成員商量一下，加班的時候討論。

2. 拒絕老闆。告訴老闆自己手頭上的工作非常緊迫，根本抽不出合適的時間來，建議他考慮公司中其他合適的人選。

3. 先忙老闆的事情。需求分析報告的事情交給專案組其他成員，這樣自己才能抽出身來。如果忙完老闆的事情後還有時間，再重新接手需求分析報告的事情也不遲。

4. 口頭上答應老闆，私下把工作交給其他人完成。前提是不要出任何差

錯，否則就要露餡了。

小高到底是怎麼做的呢？

他並沒有選擇以上任何一種方案，而是別出心裁，讓老闆替自己拿主意。

換句話說，他把皮球重新踢給了老闆。

「老闆，我現在正在寫 C 公司的需求分析報告。」小高心平氣和的對老闆說，「按照原定計畫，我必須把這份報告遞交給部門的所有成員，以便順利開始後續工作。我在想，我們是否可以讓快遞公司把這份文件送去，或者是我親自跑一趟？」

也許你已經發現了，他最終還是把決策權留給了老闆，讓他在兩者之間做出一個選擇，而不是語氣生硬的回覆「不」。當老闆聽到這番話的時候，他會明白，你所做的工作對於公司整體而言是有利的；當然，如果他覺得當前這份文件更為緊急，你也必須嚴格按照他的命令辦事 —— 如果是因此而拖延了需求分析報告的話，你也就為自己開脫責任了，因為你已經讓老闆明白了當前的處境，而且是他最終拿定的主意。

幸運的是，小高得到了老闆一個滿意的微笑，然後老闆撥通了快遞公司的電話。

「喂，快遞公司嗎？」老闆在電話中說，「我有一份快遞……」

一邊說著，老闆向小高做了一個手勢，示意他可以忙自己的工作去了。

小高滿意的關上老闆辦公室的大門 —— 他不僅成功的讓老闆收回了自己的命令，而且還讓對方沒有一句怨言。

說「不」也是一門藝術。我們必須了解自己的職責是什麼，以及什麼時候應該說「不」。當然，最好我們臉上應該掛一個歉意的微笑。

第十一章　讓影響力提高辦事效率

任何人都希望給他人留下美好的印象，任何人都希望自己成為公司這個大家庭中的一員，任何人都希望自己成為人見人愛的「辦公室萬人迷」；但是，這並不意味著我們一定要做一個無可無不可的「好好先生」。即使我們對於所有請求的回答都是「是」，我們也未必可以成為其他人心目中的模範和榜樣。舉個簡單的例子來說，你的主管上司讓你在工作時間到商店替他的女朋友選一款生日禮物，你即使成功完成任務也不會成為其他人眼中的優秀員工，最多得到的美譽就是「小幫手」而已。畢竟，你來到公司是為了工作，是為了完成自己的職責，而不是一名差役。

我們必須懂得在什麼情況下說「是」，在什麼情況下說「不」；否則的話，鋪天蓋地的任務會把我們淹沒在狼藉和無序之中，如同《孤男寡女》中的鄭秀文一樣。幫助你的主管上司購買一款生日禮物的確可以嶄露你的身手，但是，這可能會讓你失去更多提升和完善自我的機會。

不僅如此，說「是」的時候我們固然可以贏得對方的欣賞，而說「不」卻可以贏得老闆的欣賞，因為他會知道你是一個懂得自己職責，可以做出明智決策的人。相反，他會認為那些對來者不拒的員工是：缺乏主見。

不過，如果是老闆的請求，該怎麼辦？如果一定要拒絕，一定要向他說明你的理由。舉個例子說，老闆希望你把他剛剛度假時拍攝的照片送去沖洗，你應該怎麼做？

1. 首先，自然是一個歉意的微笑。

2. 然後才是你拒絕的理由。你可以告訴他你現在正在忙某個專案或者進行到哪個階段，然後告訴他你今天的時間安排。

3. 最後，你應該把決策的權力交還給他，畢竟，他才是手握生死大權的老闆。也許，他心裡會這麼想：「看來，完成公司的新產品開發計畫才是最

重要的，照片在下班後送給沖洗店也不遲。」任何老闆都希望你把工作做好，不僅僅為你自己，更重要的是為公司的發展。因此，以平和的情緒把事實說出來，這至少不會引起老闆的不滿。

先改變自己，再改變世界

現在，國際知名企業也開始裁員了，而這足以讓許多人談虎色變。誰都擔心下一把揚起大刀會砍在自己頭上，或者經濟的衰退會奪走他們的客戶。於是，快節奏的步伐讓你幾乎沒有時間停下來喘一口氣。為了保住自己的飯碗，許多人不得不及時充電，為自己的職業生涯注入新的動力。不過，在一些人眼中，這種一味迎合他人的做法是道德淪喪的表現。我想他們一定是誤會了，因為任何人都沒有必要放棄自我 —— 只要重新設計自我就足夠了。

如同一隻美洲變色蜥蜴一樣，當周圍的環境發生改變時，我們一定要做好改變自己顏色的準備。

小潔在兩個月前加入了一家當地為法國人提供各種服務的跨國公司，職位是諮詢顧問。儘管她之前曾經在諮詢公司累積了豐富的經驗，也獲得了驕人的成績，但是，關鍵問題在於她一點也不懂法語。事實上，這家跨國公司之所以很快做出錄用小潔的決定，一方面是因為剛有一位既懂法語又懂英語的諮詢顧問離職，另一方面是因為小潔的工作經驗。之前，這家跨國公司主要面向以英語為母語的客戶。但是，隨著當地法國人士的不斷增加，公司也相應的調整了自己的策略定位。

在許多人看來，法國人多半會說英語或者能很快學會英語；但是，他們學習英語的速度還不夠快 —— 至少還沒有辦法與小潔順暢無阻的直接溝通。

第十一章 讓影響力提高辦事效率

畢竟，與年輕人相比，年紀稍微大一些的人學起語言來更吃力一些。在這樣一個尤其注重異國文化的企業中工作，小潔覺得壓力很大。正是工作中遇到的各種障礙，讓她有時候心煩意亂或者感情用事。尤其當她看到自己的上司可以與其他諮詢顧問用法語流利的溝通時，她的心情變得更加沉重。

現在，她最擔心的是即將到來的一次面談。屆時，她的上司將和她談談轉正的事情 —— 加入這家跨國公司已經三個月了，是否會成為它的一名正式員工在此一舉。

如果換成是你，你會做什麼？

1. 讓上司為她配一個翻譯，因為學習新語言並不是她的責任。

2. 找另外一份工作或者職位，面向以英語為母語的客戶。

3. 要求上司給她一定的時間來學習法語，並且讓公司承擔培訓費用，因為這並不是她工作職責的一部分。

4. 向勞動部門諮詢，萬一以後受到不公正對待的話，她就知道該怎麼做了。

當然小潔希望留在當前的職位上，否則她就沒有必要來應徵了。因此，她選擇了第三個方案（確切來說，是第三個方案的修訂版）：學習法語。這既是為了更方便的與客戶交流，也是為了公司內部溝通的需求。

向客戶提供諮詢服務的工作並不容易優化組合，因為她需要直接面對面的與客戶溝通交流。換言之，她沒有辦法將自己的工作責任分解成更細小的幾個部分，然後將其中一部分（尤其是她遇到障礙的部分）交給其他人來完成。同樣，如果配一個翻譯的話，她的諮詢效率將大大降低，這是因為讓第三方來轉述，顯然不容易贏得客戶的信任。此外，額外的翻譯費用可能會受到公司預算的限制。

因此，在小潔看來，需要做出改變的並不是當前的工作職責，而是自己！

理想狀態下，她的公司為她承擔學習法語的費用當然最好不過了；但是，在公司業務剛剛起步的時候，資金是最容易凸顯出來的瓶頸；何況，多一門外語能力也能為自己的將來增加一扇大門 —— 無論將來自己在哪個領域發展，無論自己將來從事什麼工作都是如此。

因此，參加一個晚上開課的法語培訓班是物有所值的。

「我可以參加一個當地大學舉辦的輔導班，」小潔對自己說，「這樣可以少花一部分錢。」

簡言之，當變化的外界環境要求她的工作更有效時，她將改變的目標對準自己！

小潔並沒有忘記把自己的學習計畫告訴每一個人。

「我想，」她的計畫是這樣的，「一旦我投入到法語的學習中，我希望其他人能夠看到我的成長、我的改變，並且在我需要的時候協助我、指導我。」

要知道，部門內部除了她之外其他人幾乎都可以說一口流利的法語，而他們是小潔最容易接近、也最容易忽視的寶貴資源 —— 何況，他們都是免費的！

第二天，小潔找到自己的上司，詳細討論了自己的計畫 —— 她並沒有消極的等待上司找自己談，而是積極主動的表現自己。

「不知道您有沒有時間，我想談談我工作上的事。」小潔開門見山的說，她不想耽誤上司太多的時間。

「請坐下說吧。」上司指了指對面的椅子。

第十一章　讓影響力提高辦事效率

小潔坐下來，「我想多了解一些有關我工作職責和工作期望的資訊。」

「噢，是這樣。」上司簡要的把試用期內希望小潔完成哪些工作、做出哪些成績解釋了一下。

「這樣我就明白多了，我相信我一定可以做到。」小潔自信的說。

「妳當然可以。」上司鼓勵她。

「不過，我覺得如果想讓自己的工作更出色，還必須掌握法語 —— 至少能達到與客戶直接溝通的程度。」小潔說出自己的打算。

「我也這麼認為，」上司停了一下問，「妳是不是有什麼計畫？」

小潔說了自己準備參加法語輔導班的計畫。

「這個想法很好，」上司點了點頭，「我一定會支持妳的。不過，」他想了想，繼續說，「關於培訓費用方面……」

小潔明白上司的意思，她也不想讓對方為難：「這是我的事情，自然由我來出。」

「妳放心，」上司先來個緩兵之計，「我盡量向上面爭取。妳最近的表現不錯，我想上頭會酌情考慮的。」

「那就太謝謝您了。」小潔高興的說，「如果在學習過程中遇到什麼問題，還請您多指點。你的法語說得太棒了 —— 我能學到您的十分之一就心滿意足了。」

「可別這麼說，」上司被逗得一樂，「學無止境，而且後生可畏啊。」

你猜最後的結果怎樣？

小潔順利的參加了晚上 7 點到 9 點的法語培訓班。

為了照顧她晚上上課，上司還特意批准她下午 5 點半 —— 也就是提前半

個小時 ── 下班，前提是不影響當天的工作。

另外一則好消息是：公司分攤了學費的一半。換句話說，小潔只需要交一半的學費就可以掌握一門新語言了。

當我們試圖改變世界的時候，不要忘了首先改變自己！

如果你同樣正在面臨類似的情況，必須學習一門新技術才能更好的完成當前的工作，首先你應該知道的是你究竟需要學習哪門新技術 ── 不妨向你的上司、同事、職業導師、企業教練等人徵詢意見。在充分參考了他們的建議後，你才能真正開始踏上學習的旅程。

當然，你出發得越早，效果越好。至少這讓你早一步站在了起跑線上，而沒有必要在以後發生某種變化時妥協、讓步甚至被掃地出門了。

相反，當你對自己進行了一番重新設計後，你再一次以全新的面貌返回到遊戲中來，如同一個企業改變了自己的形象、標誌後重裝上陣一樣。

你仍然是你，但你已不是從前的你。

如果你希望故事中的小潔向你指點幾招，她一定會指出以下幾點：

1. 一旦你開始重新設計自己，你就不需要放棄自我了。

2. 將自己想像成重新設計自我的總設計師 ── 你只需要將合適的技能、合適的資源、合適的團隊有機的融合在一起，就可以踏上脫胎換骨之路了。

3. 當你向外界尋求幫助時，不要忽視你身邊的資源 ── 尤其是免費的資源。

4. 靜止是相對的，運動是絕對的。坐地日行八萬里，巡天遙看一千河；在這個資訊社會，知識爆炸呈幾何級成長，科技發明眼花繚亂，生產和工作方式日新月異。在這樣一個高歌猛進的時代，願意的人跟著走，不願

意的人推著走，推都推不走的人，只好當垃圾回收。

如何才可以提高自己辦事效率

辦事效率，也就是個人能力的一種表現。按照現在比較流行的說法，就是「執行力」。所謂執行力，「就是按時按質按量的完成工作任務」的能力。個人執行力的強弱取決於兩個要素 —— 個人能力和工作態度，能力是基礎，態度是關鍵。所以，我們要提升個人執行力，一方面是要透過加強學習和實踐鍛鍊來增強自身素養，而更重要的是要端正工作態度。

那麼，如何樹立積極正確的工作態度？我認為，關鍵是要在工作中實踐好「嚴、實、快、新」四字要求。

1. 要著眼於「嚴」，積極進取，增強責任意識。責任心和進取心是做好一切工作的首要條件。責任心強弱，決定執行力度的大小；進取心強弱，決定執行效果的好壞。

   因此，要提高執行力，就必須樹立起強烈的責任意識和進取精神，堅決克服不思進取、得過且過的心態。把工作標準調整到最高，精神狀態調整到最佳，自我要求調整到最嚴，認認真真、盡心盡力、不折不扣的履行自己的職責。絕不消極應付、敷衍塞責、推卸責任。養成認真負責、追求卓越的良好習慣。

2. 要著眼於「實」，腳踏實地，樹立實做作風。天下大事必作於細，古今事業必成於實。雖然每個人職位可能平凡，分工各有不同，但只要埋頭苦幹、兢兢業業就能做出一番事業。好高騖遠、作風漂浮，結果終究是一事無成。

因此，要提高執行力，就必須發揚嚴謹務實、勤勉刻苦的精神，堅決克服誇誇其談、評頭論足的毛病。真正靜下心來，從小事做起，從點滴做起。一件一件做得落實，一項一項做出成效，做一件成一件，積小勝為大勝，養成腳踏實地、埋頭苦幹的良好習慣。

3. 要著眼於「快」，只爭朝夕，提高辦事效率。「明日復明日，明日何其多。我生待明日，萬事成蹉跎。」因此，要提高執行力，就必須強化時間觀念和效率意識，弘揚「立即行動、馬上就辦」的工作理念。堅決克服工作懶散、辦事拖拉的惡習。

每項工作都要立足一個「早」字，落實一個「快」字，抓緊時機、加快節奏、提高效率。做任何事都要有效的進行時間管理，時刻掌握工作進度，做到爭分奪秒，趕前不趕後，養成雷厲風行、乾淨俐落的良好習慣。

4. 要著眼於「新」，開拓創新，改進工作方法。只有改革，才有活力；只有創新，才有發展。面對競爭日益激烈、變化日趨迅猛的今天，創新和應變能力已成為推進發展的核心要素。

因此，要提高執行力，就必須具備較強的改革精神和創新能力，堅決克服無所用心、生搬硬套的問題，充分發揮主觀能動性，創造性的展開工作、執行指令。

在日常工作中，我們要勇於突破固定思維和傳統經驗的束縛，不斷尋求新的思路和方法，使執行的力度更大、速度更快、效果更好。養成勤於學習、善於思考的良好習慣。

總之，提升個人執行力雖不是一朝一夕之功，但只要你按「嚴、實、快、新」四字要求用心去做，就一定會成功！

第十一章　讓影響力提高辦事效率

第十二章　跳槽還是臥槽，想好了再去做

跳槽是把雙刃劍

「跳槽」這個詞在經濟快速發展，人才流動頻繁的今天是再熟悉不過的詞語了。尤其是在職場中，「跳槽」這個詞是使用最為普遍的。當一個人覺得自己跟錯了老闆，他就可能跳槽；當一個人覺得自己處在這樣的環境中不能發揮自己的才智的時候有可能跳槽；當一個人發現自己同樣的付出卻低於其他同事的收入時他可能就跳槽……而且公司對員工的需求幾乎是同樣的標準，有經驗，年富力強，想法活躍，踏實認真，與時俱進……因此，那些不具備這一條件的員工也面臨著辭退，重新選擇職業。總之，跳槽的原因多樣化、複雜化。

再說，職場的選擇都是雙向性的，就是王八看綠豆 —— 對上眼才算行。公司有權選擇適合自己的員工，那麼員工也有權選擇自己中意的公司。古人云：「良禽擇木而棲，賢臣擇主而侍」。因此，跳槽的關鍵在於是不是有一個良好的發展前景。俗話說：「打仗要跟一個好將軍」，否則會馬革裹屍，身為

第十二章　跳槽還是臥槽，想好了再去做

職場的一員，同樣希望自己跟的老闆是位好老闆，一個賞識自己的老闆，一個給自己很多鍛鍊機會的老闆，因為在一個好的老闆手下工作就是在為自己創業，在為自己的前程鋪路。

　　跳槽一次就是給自己一個新的起點，因此，跳槽可以說面臨著很大風險和機會。如果覺得在這個公司覺得不適合自己，跳槽到了另外一家公司，結果那家公司還不如以前的公司怎麼辦？難道又得跳槽？當然，如果新的公司比以前的工作更適合自己，那是再好不過的事了。因此，在跳槽之前一定要謹慎行事，然後再決定自己的去留，否則就是自己將自己推下了懸崖。

　　張元和王華是大學同班同學，畢業之後同時在一家日商電子公司找到了一份市場推廣的工作。兩人的業績都不錯，但是張元在人際關係上略勝王華一籌，於是深得老闆的器重，而且薪水也大踏步上臺階，並且升為科長，同事們都很羨慕，因為這個公司的領導階層還想要人才，張元很有可能被提拔成為更高階層的主管。但是，王華知道自己在處理人事關係上有些木訥，於是，只好踏踏實實的工作。可是，張元工作了一段時間，發現這家公司的管理機制也不是太完善，能夠在這裡學到的東西很少，眼界也不能開闊，不能為自己將來的發展鋪設好平臺，更重要的是這家日商公司規模不大，而且在同行業內的地位還處於低下，每當張元出去與別人談業務的時候，提起自己的公司總感覺低人一等。

　　於是，張元面臨著是否跳槽的抉擇。

　　如果跳槽，下一家新的公司有可能會為自己創造出更加適合自己發展的平臺，無論對自己的事業還是未來前途都是有利的，但是，誰也不敢保證下一家公司就一定能夠提供如自己想像的發展平臺。再說，跳槽到下一家公司一切都從零開始，未必能夠適應新的公司的環境，先前在原來的公司享受的

待遇未必就能夠擁有。

如果不跳槽，自己憑藉在業務上的經驗和老闆的器重，隨著公司的發展各方面逐漸成熟，也有可能在自己的事業上創造出一片天地。不足的就是目前的公司各項制度不是很完善，而且自己還不能夠看到公司未來的發展前景，自己怎麼能夠將自己的青春年華浪費在一個地方呢？

張元雖然經過了深思熟慮，但是年輕氣盛的他還是決定跳槽，到一個更加適合自己的工作環境中去。

張元的老闆挽留張元留下來，共同創造公司輝煌的明天。張元認為決定了的事再也無法改變，而且跳槽是最正確的選擇。王華也勸張元不要衝動，再思考思考，如果離開了這裡，找不到更好的公司怎麼辦？雖然現在公司管理制度不是太完善，說明急需領導型人才去完成它，這也從另外一個方面說明，這個公司的發展空間還是很大的。公司地位低下那是暫時的，只要產品不斷升級，肯定能夠在市場上揚眉吐氣。如果在這裡好好做，將來肯定能夠做出一番成績的。無論王華怎麼勸，張元都聽不進去，最後跳槽決心已定的張元，反過來勸王華與自己一起跳槽，但是王華還是沒有同意。

最後，張元跳槽到一家韓商電子公司，這家公司規模龐大，管理系統比較完善，運作模式也很新穎，也讓張元開闊了眼界，於是，張元信心十足的投入到工作中去了。憑著在前一家公司的經驗，再加上新公司的配備，張元在很短的時間裡獲得了很好的業績，薪水也有所提高。張元在這裡一做就是5年，回頭一看卻發現除了薪水浮動外，自己還是一個小小的員工。因為這個公司成立的時間久，領導階層已經配備完整，不再需要新的主管。想當初自己在日商公司，不到半年就升為科長，再一打聽，自己的同學王華由於業績突出被升為經理，薪水比張元高了很多。張元此時的後悔心情可想而知。

此時，張元自問難道我還得跳槽嗎？接著被自己想像出來的結果嚇怕了。如果遇到下一家公司還不如現在的公司怎麼辦？自己已經不再是 5 年前的那個年輕的自己了，還得賺錢養家糊口。

於是，張元只好老老實實繼續在這家韓商公司待著。

由此可見，跳槽是當代職場上的常事。跳槽的目的就是為了獲得足夠理想的薪水、職位和發展的機會。所以，跳與不跳都必須圍繞這幾個問題權衡利弊。如果利大於弊，那麼就要毫不猶豫的跳；如果弊大於利，最好再堅持一下，等時機成熟了再跳。頻繁跳槽一是浪費自己的時間，浪費金錢。試試想如果繼續在一家公司最少每天還有錢賺，如果離開了又不能馬上找到工作，但每天還得照樣消費啊！再說，有的公司也許表面迷惑了你，當進入這個公司會發現原來並非如此，但是後悔也來不及，張元就是個例子。到了一個新的公司，還得適應公司的同事、主管、環境等等，適應習慣也需要很長的時間，這段時間未必能夠做出突出的業績，沒有業績何來薪水？

跳槽未必就是壞事，關鍵還是得分析自己所處的境地，權衡利弊。該跳的時候就跳，當機立斷，否則反受其亂。如果時機不夠成熟還是踏踏實實工作，也許這就是自己的出路。

如何判斷跳槽的時機

跳槽意味著機會，也意味著風險。如何能夠跳出更大職業發展空間，跳出更好的薪酬待遇，聽聽下面的建議，也許能讓你頗有獲益。

為什麼跳槽？什麼時候是跳槽的理想時機？為什麼要跳槽？很多跳槽者其實並沒有從心態和創造跳槽條件上做好準備，所以在跳槽前，這些問題也

是跳槽者必須先自我發問的。

跳槽是在選擇什麼？是因為職業發展（包括技能學習、上升空間、薪資待遇）受限，還是因為缺乏工作新鮮感或人事關係處理存在問題？如果是後者，必須確定自己是在透過自我調整等努力後仍無法解決的情況再選擇跳槽。

有沒有一個完整的跳槽計畫？確定一個跳槽的時間表，如果跳槽，你將付出什麼樣的時間承諾，打算花多長的時間來收集資訊，跳槽的進度如何控制。確定如何獲得各種資訊，怎樣吸引企業或獵頭的關注。

求職者在跳槽時，應全面衡量社會環境和個人因素。在選擇離開原公司，開始新的選擇時，有幾個因素必須要衡量：考量自己在目前公司的長期職業晉升前景；考量公司的發展方向和前景；考量職業發展規畫；考量自己的市場價值和期望的薪資待遇。

跳槽與否、跳槽的頻率，同樣受到所處行業的影響。在某些特定的行業，比如廣告、媒體、公關，很多人都頻繁跳槽，而在政府機關工作的人跳槽的可能性最小。

因所從事行業的不同，跳槽的原因也有一定的傾向性。例如在消費品企業，因為該行業業務快速發展，不得不在人才上展開競爭，所以挖角成為引起跳槽的主要原因。而在醫療和生命科學領域，職業發展受限制成為員工跳槽的主要原因，這很大程度上也是由於該行業正在進行大規模的重組和機制改革。在電信和資訊技術領域，重組也是造成員工流動的重要原因。

對個人來說，開始一份新工作，最尷尬的就是他們可能會發現，之前的工作可能更好或他們所期待的改變並沒有發生。

但如果員工在更換工作不久後又跳槽，這對他們找新的工作會帶來不利

的影響。那麼，如何透過合理準備避免跳槽可能遭遇的風險呢？建議求職者可以嘗試按照以下的步驟，確保新工作滿足自己的願望：

跳槽前的心理準備：是否具有積極成熟、面對壓力的心態，這非常關鍵。下定決心要換工作，在寄出履歷表前先反問自己幾個問題：我希望從事什麼樣的工作職務？這項工作職務需要何種技能和專業知識？我要進入哪一個行業？它是我所熟悉的嗎？從哪裡收集到以上資料？在專業知識和技能上，如果還有不足之處是否需要再進修？能承受面對新環境、新企業文化的壓力嗎？這樣你會很清楚自己想做什麼、適合做什麼，如果不是很清楚，就需要多花一些時間來思考這個問題。有些人只是為了換工作而換工作，這是相當危險的轉職念頭。

建立自己的資訊管道：跳槽者可以透過以下管道，主動收集和尋求相關資訊。

1. 先定期瀏覽求職網站，了解就業市場的情況，進行一定的研究。
2. 先利用和建立自己的關係網。有調查顯示，有80％的工作機會來自口頭推薦。
3. 先透過獵頭，因為有相當一部分的工作並沒有刊登徵才廣告。然後，列出一張有可能的雇主清單，透過信件或電子郵件的方式和他們進行交流。

此外，為避免跳進陷阱，求職者還可對雇主聲望進行調查：對新公司環境的不了解，也是造成跳槽失敗的一個主要原因。對於求職者來說，對他們想工作的行業、領域以及公司進行一定的調查研究是非常重要的。一旦他們發現感興趣的公司，他們應該對公司雇主的聲望進行調查。

可以向朋友、同事了解公司的回饋資訊：工作環境和氣氛如何？公司老

闆是否是一個好的雇主？公司的文化是否適合你？

　　一個好雇主的公司，必須聲譽良好，並且有值得信賴的培訓和職業發展規畫，有良好的晉升前景。同時，你可以考慮優先尋找那些允許員工出差，並且有機會調任公司在其他國家的辦事處的公司。

　　事先了解工作環境：最好能見到你的頂頭上司，還可以請他介紹你認識周圍的同事。可以要求參觀你的工作地點，這樣就能讓你了解今後的工作環境。

　　如果得到面試機會，你應該準備好可能被問到的問題，以及你想問公司的問題。此外，建議求職者在面試中多提各種問題，盡量掌握主動權，如果在面試時有遺漏的問題，可以在面試後打電話進一步了解。也可以請人事經理詳細解釋公司為員工提供的各種福利待遇、培訓機會和長期職業發展規畫。

　　合約條款清晰，確保工作合約上明確的註明了各種待遇，包括薪水、獎金、年假、醫療福利以及培訓等。有些人在跳槽後發現自己遭遇陷阱，當初被許諾的職位與福利待遇並未實現，卻無可奈何，就是因為當初沒有在合約上明文列明這些情況。

　　當員工在新公司開始工作時，他們可以在午餐和下班後和同事加強聯絡，參加公司的各種活動，加入相關的委員會，比如慈善委員會或社會責任委員會等，主動融入新公司。

跳槽需要注意哪些問題

　　跳槽是一門學問，也是一種策略。「人往高處走」，這固然沒有錯。

第十二章　跳槽還是臥槽，想好了再去做

但是，說來輕巧的一句話，它卻包含了什麼是「高」、為什麼「走」、怎麼「走」、什麼時候「走」，以及「走」了以後怎麼辦等一系列問題。

那麼當面臨跳槽時，如何才能順利的完成跳槽，從而獲得職業的成功呢？

首先，要確定你跳槽的動機是什麼和自己是不是需要跳槽。大致來說，一個人跳槽的動機一般有如下兩種：

1. 被動的跳槽，即個人對自己目前的工作不滿意，不得不跳槽，這裡又具體包括對人際關係（包括上、下級關係）、工作內容、工作職位、工作待遇、工作環境或工作條件、發展機會的不滿意等方面。比如，如果你與上司關係不融洽，覺得得不到發展，你自己也感覺無法適應目前的環境，那麼恐怕就要考慮換個環境試試了。

2. 主動的跳槽，即面對著更好的工作條件，如待遇、工作環境、發展機會，自己經不住「誘惑」而促使自己跳槽；或者尋求更高的挑戰與報酬，比如你發現自己的能力應付目前的工作綽綽有餘，並且發現了自己真正感興趣的工作的時候，你就不妨考慮換個工作試試。

無論如何，當你具備了跳槽動機的時候，就是你跳槽行動的開始。但是，為了跳得更「高」，你在跳槽前不妨先問自己下面的問題：

1. 是什麼讓你不滿意現在的工作了？

2. 你經過慎重考慮了嗎？嘗試做自我調整了嗎？

3. 跳槽會使你失去什麼，又得到什麼呢？

4. 適應新的工作或環境、建立新的人際關係需要你付出更多的精力，你有信心嗎？

5. 你的背景和能力能適應新的工作嗎？

6. 你是為了生活而工作，還是為了工作而生活？

7. 你有沒有職業目標？新的工作是不是為你提供了一個清晰的職業方向？

8. 徵求過專家的意見嗎？有沒有諮詢過職業顧問？

　如果對上面的問題自己有清晰的回答，那麼你可以接著考慮下面的問題：

1. 你要跳過去的公司的職位是什麼？如果比你現在的職位還低，你能接受嗎？

2. 新的工作要求你從頭做起，你有這個心理準備嗎？

3. 你在目前的公司裡工作有多久？一般來說，在一個公司的工作至少應該滿 1 年，否則它不會為你提供非常有價值的職業發展依據。

4. 你應何時跳槽？最好的狀態是在目前工作進展順利時跳槽，那麼你的職業價值會大大提升。

5. 你實事求是的評估自己的能力了嗎？你的優點或特長是什麼？你有哪些不足？這裡要求你既不要好高騖遠，也不要自甘弱小。

　一旦決定跳槽，你就要大膽的付諸實施了。這時你需要選擇恰當的跳槽時機，以下是職業諮詢顧問提醒你跳槽時應當注意的事項，和建議你的比較妥當的做法。

1. 知己知彼：查閱與目前公司簽訂的工作合約，明確自己是否受到違約金或競業禁止等條款影響、離職手續辦理難易程度等，做到心中有數。

2. 盡可能收集新公司的資訊以及可能要求自己提供的項目，做到有備無患。

3. 設計履歷：準備一份專業化的履歷，你可以尋求職業顧問的幫助。

4. 有時候根據自己的工作經歷和能力，使用獵頭公司求職也不失為一種有

效的策略。

5. 遞交辭呈：向原公司遞交辭職信，做好離職過渡期的安排。記住千萬在拿到「Offer Letter」以後再遞交辭職信。

　　與人為善：雖然你應徵成功了，雖然你可能「痛恨」原來的公司，但是也不要在背後惡言冷語，你哪天還會「用」到原來的公司，這誰也說不準。

跳錯了，如何成功「解套」

　　有些人藉著跳槽，職業價值穩步提升；也有人在跳槽時越跳越糟，並陷入了無意識的跳槽慣性，總是為跳槽而跳槽。當職場人在跳錯槽時，如何成功為自己的職業生涯「解套」，也是職場人必掌握的一大策略。

　　如今，跳槽已經是再尋常不過的一件事情。當不少職場人透過跳槽，實現自己職業價值提升時，更有一部分人在剛跳槽時就馬上發現自己跳錯了位置。這時，是走，還是留，成為困擾他們的難題。

　　因此，在發現跳錯槽後，如何巧妙的解套，度過跳錯槽的危機，是極為關鍵的。對此，一位知名大學教授暨人力資源專家指出，當職場人感覺自己是跳錯槽時，可以透過三種方式來積極為自己的職業「解套」。

調整心態，主動「盤點」自己。

　　很多人在離開原來的公司，很快就進入新公司。但在新公司剛度過了「蜜月期」後，就會因各種問題而產生失望的情緒，或是因為與上司不和，或是環境不如意，或是低於自己的期望值，這些落差都會讓人留戀以前的工作。這在心理上叫做「順向干擾」，即前面的工作對後面工作的評價產生了負

面作用。這種干擾會讓當事人覺得自己做錯了決定，並想盡快二次跳槽。

因此，作為新公司的新員工，應以盤點自己的方式，安心做滿三個月。這段時期的盤點，既包括全心投入工作，慢慢適應新公司的文化和克服各種困難，也包括對自己個人能力、職業願望和現實環境的又一次思索和對比。在考察新公司和盤點自己方面，新鮮人著重看企業能否累積經驗，職場人要看企業是否是做事業的平臺。

假如在這三個月中，求職者經過這種主動的盤點後，能夠慢慢接受新工作，就可以安心做滿一年後再說。而如果在這三個月後，還是無法接受新職位，職場人還可以看看公司內部是否有適合自己發揮的工作平臺，盡量進行內部跳槽。因為但凡是老闆，都希望員工能在最適合的職位，為企業創造最大的效益。而連內部跳槽也無法實現時，職場人可以則可以運用其他方式來「解套」。

重新規劃，謀劃二次跳槽。

假如職場人跟新公司磨合三個月後，還是覺得新公司不適合自己，也沒有必要勉強自己。這時，可以重新進行職業規劃，謀劃二次跳槽。職業規畫作為對自己職業的一種定位，它主要包括求職者對職業的關注點、個性和職業配對以及職業上升方向等 3 個因素。

職業的第一步，是對自己的關注點有明確的認知。一般來說，從大學畢業到 30 歲，這 8 年時間是供求職者選擇自己的職業方向的。也就是說，在這 8 年，求職者可以嘗試不同行業的不同職位，測試出跟自己的興趣最為合拍的職業。進入 30 歲以後，求職者的跳槽則更多的是在同一個行業的不同公司間進行的。因此，不同人群跳槽時對企業的關注度都不同。比如剛畢業

第十二章　跳槽還是臥槽，想好了再去做

幾年的社會新鮮人，求職時更關注的是高薪，那麼在規劃新職位時可以把薪水放在第一位；又比如工作 5 年以上的職場人，關注的更多是職業發展前景，則可以把自己在新公司的上升空間放在第一位。

求職者還必須把自己的個性和職業配對起來。每個人都有自己的個性特徵和興趣愛好，能把工作和這些因素相搭配，可以讓求職者更容易對工作產生興趣，職業價值的提升也更快。個人價值的最大表現是物質和精神層面上的雙重滿足，只有努力往這方面規劃自己的職業，才能獲得更多薪水以外的東西，才不會對自己的職業很快產生厭煩心理。

此外，求職者要對自己職業的上升方向有清晰的定位。跳槽對於很多人來說，都是一個職業上升的過程。在職業上升方面，有些人會選擇跨行業或跨公司去發展，有些人會透過做管理公司進行職位上的升遷，更有人願意研究某個領域走專業化道路，這三種形式簡稱為橫向拓展式、職位上升式和技術深化式。因為個人的特長不同，在職業上升的方向也不同，因此，定位好自己的方向，巧妙運用道路優勢，可以上升得更快。

一般來說，在 26 歲之前，職位不夠高的時候，求職者需要不斷的累積，更適合去做一個橫向拓展。這時候，應該透過跳槽或透過公司內部的職位轉換來提升自己的價值。而 26 至 35 歲，是一個職位上升的過程。這時選擇職業，更應該考慮能有職位上提升的平臺。而在 35 歲以上，很多人會面臨轉型，這時則要慎重考慮新行業。

克服障礙，巧吃回頭草。

一些人在發現自己跳錯槽之後，總是自然而然的想起原公司的好，後悔自己不該衝動的跳槽，丟了西瓜撿了芝麻。於是，一些跳錯槽的職場人士難

免會有吃「回頭草」的打算。但是，在做出這個決定前，職場人還必須先考慮兩個因素：一是自己是否是一個有資格吃到「回頭草」的人 —— 主動離開公司的優秀人才，離職過程和平穩定，好聚好散；二是當初離開公司時的不利因素是否依然存在，職業的發展前景如何。如果這兩方面都不存在問題的話，就可以考慮如何巧吃「回頭草」了。

俗語說「好馬不吃回頭草」，當求職者在經歷跳錯槽後，該如何巧吃回頭草呢？一般來說，吃「回頭草」，通常應由公司出面邀請更好一些。因此，如果職場人想「吃回頭草」，最好的方式就是跟老同事保持聯絡，然後再透過有舉足輕重地位的同事對老闆提出請職場人回來的建議和傳達其想「吃回頭草」的想法。以這種方式來操作，可以很好的突出職場人在原公司時的優勢，讓舊東家產生惋惜的心態，從而讓自己順理成章的回到原公司。

需要注意的是，職場人回到原公司後，要克服心理障礙。一方面，不能因為「吃回頭草」成為困擾，應該放開胸懷，以老闆「不計前嫌」、自己該努力工作的心態來對待；另一方面，在回歸原公司時，不要認為自己回去就一定得坐和以前同等或者比以前更高的位子。最好放下身段，委婉的表示歉意和以前對公司錯誤的認知，消除與原公司的誤會與隔閡。

最後，教授提醒，每個人的職業發展都是有規畫的，每一份工作都是一塊重要的基石。跳槽不是目的，發展才是方向。跳槽不應只是對高薪或高職位的追逐，而是對職業生涯的進一步追求。從這個意義上說，每一次成功的跳槽，你都能夠從中獲得更大的職業成就感，並且應該更加接近自己的職業和發展目標。

第十二章 跳槽還是臥槽，想好了再去做

經理人跳槽要做「有心人」

很多人的工作狀態是整天忙忙碌碌、被動的完成各種工作，從來沒有想想自己長遠的計畫，跟著市場隨波逐流。作為一個職場中的有心人，必須明確未來的發展計畫和精心準備，不是在工作中兢兢業業、順其自然就能達到的，今後的任何跳槽、培訓都圍繞這一計畫展開。

不同的企業對管理者的經驗、技能等多方面都提出了不同的要求。因此，在確定了自己的發展計畫之後，找出自己在技能、管理才能等方面的差距，是經理人提升的關鍵一步。在工作中要有意識的彌補自己不足的地方，比如不斷嘗試有挑戰性的工作，豐富自己的履歷內容；主動承擔一些不拿錢但自己急需鍛鍊的機會；積極嘗試到不同的部門工作等。當然，平時有計畫的參加一些高階的管理和技能培訓也是必不可少的。

做好了技能和經驗等方面的自我修練之後，還要懂得適當的推廣，讓自己的價值被目標公司和獵頭們發現，這就需要時刻與外界保持緊密的聯絡。

獵頭初次都是透過電話溝通，應答這樣的電話也有一定技巧。詢問「方不方便說話」是獵頭的常用語言，如果在公司的公共場合不方便接聽的話，可以告訴對方什麼時間再打，或者留下號碼與之聯繫；如果方便，也要保持冷靜和平淡的口氣，詢問「有什麼事嗎？」，不要顯出迫不及待或者過於好奇。

專業獵頭不希望和你只做一次買賣，哪怕這個職位推薦不成，他們至少還會向你要一些圈中朋友的名單。但真正的獵頭高手是透過圈子來「獵」的，被獵頭「騷擾」次數的多少，其實也是你的職場人脈關係和知名度的反映。好的獵頭，不僅能找到某個候選人，也會在那個圈子裡形成影響力。按行業

和職業劃分的獵頭也在很多年前就有了，因為無論是他們的客戶還是候選人，都是一個圈子。

一項面向經理人群體的關於跳槽方式的調查顯示，選擇聯絡熟悉的獵頭公司的調查對象占到 81%；透過朋友或熟人介紹的占 46%；看徵才廣告的占 20.5%；其他占 4.5%。從這組資料可以看出，獵頭服務已經成為經理人跳槽的首選管道。此外，認為獵頭公司可以幫助其進行薪資福利談判的占到 29%，選擇職業機會的占 73%，選擇職業生涯諮詢的占 50%，可以提供專業面試指導的占 26%。

如果想在同一個領域有進一步的晉升，可以透過以下方法跳槽：

1. 先與獵頭公司聯絡。在大型或中型城市，越來越多的中高層是透過獵頭換工作。當初傑克威爾許不確認自己是否能夠在奇異 CEO 的競爭中勝出時，曾積極的透過獵頭和其他公司接觸。

2. 先參加中高層會議、或聚會，多與周圍的人交流。

3. 先毛遂自薦。主動聯絡嚮往的公司。

職場抉擇：跳槽還是臥槽

一個起點不高的上班族女孩如果想搭上職場上升的列車，她是採用跳槽的招數好，還是採用「臥槽」的招數好？通常我們認為，跳槽是職場上升的捷徑，但職場專家和一些成功的職場女性告訴我們，「臥槽」一樣是職場上的陽關大道。

「我的職業目標，是在 35 歲之前做到著名外商的中高層經理……」

這是一位 25 歲的年輕上班族在美國微軟公司執行長問到她的「職業規

第十二章　跳槽還是臥槽，想好了再去做

畫」時給出的回答。當執行長進一步詢問她準備如何實現這一目標時，她說出了她所認為的一條職場上升的最佳路線圖。

首先進入某知名外商，做經理助理；一年後跳槽，去另外一家同樣水準起點的公司做總經理助理；然後再花一年時間進入一家實力更強的外商，成為總裁祕書；接著可以考慮去一家比較普通的公司應徵經理的職位，如果順利，她會在這個職位上工作 2 年左右，這個時候她已經二十七八歲，已經有了相當的職業累積後，然後就是出國進修，爭取在 2 年的時間拿到一個碩士學位，其間，她將在國外應徵一個工作，繼續職業生涯的累積，時間一定是控制在 1 至 2 年之內，然後回到本國，將以高起點開始新的工作，如此這般，如果一切順利的話，她應該花上 12 年左右的時間實現自己的職業目標。

這席話讓美國微軟公司執行長目瞪口呆。

看起來，這是一個完美的計畫。但是也會因為計畫過於縝密，完全不允許有一點失誤，否則所有的步調都會被打亂。無法想像，一個對於自己的未來規劃得如此嚴密，一點餘地都不留的人，步調萬一被一些小事情打亂，她所承受的打擊會有多大？

也許，獲得高職位確實需要付出一些異於常人的代價。但是，假如不走這樣一條像迷宮一樣複雜的跳躍上升道路，那些起點不高的「灰姑娘們」就沒有機會了嗎？

其實完全不是這樣，職場的漫漫長路，只有幾步是最關鍵的，只要你了解職場的規則，恪守勤奮的定律，並提前做好準備，在機會來臨時伸出手，就一定會攀上職場的上升之路。即使灰姑娘們的起點是祕書、出納，甚至櫃檯人員，她一樣可以透過點滴的努力穩紮穩打的做到期望的職位，不必伺機

跳槽，也不必出國深造，並且這也是職場專家強力推薦的職場發展道路。

事實上，眾多成功的女性中，大多數是靠著自己的踏踏實實，一步一步才達到如今的職業高度的。很多上班族女性，她們都曾是職場上的灰姑娘，儘管具有不同的個性，有的積極主動，有的沉默低調，但她們的成功之路有許多共同點：起點低，沒有跳過槽，也沒有為了尋求更高的平臺中斷職業生涯出國求學。如今的她們早已「麻雀變鳳凰」，成為職業場上的佼佼者。

「臥槽不如跳槽」指的是人在同一公司的晉升速度不如更換公司來得快。究其原因，恐怕是由於「金字塔原理」，即越靠上的位置越少，相對而言，晉升機會就越少，在一個公司範圍內，機會自然就更少。的確有不少人因為跳槽而在數年之內變得位置顯赫，而原來同在一處起步的同事卻進步甚微。這在實際上成就了上述傳言，促使許多人萌生了伺機跳槽的念頭，在一個公司服務了幾年之後，對於外面的機會就變得格外關注，動輒一試，否則心理就失去平衡。

這麼說跳槽是不可取了？

不是的，不要一味憑藉跳躍來實現職場的發展。那些表面上看來是因為跳槽而飛黃騰達的人並非來自於他們對跳槽的刻意追逐，而是在適當時候抓住了適當的機會 —— 首先，他們的運氣非常好，更重要的是，他們之所以能夠抓住機會的背後來源於他們在工作中的不斷努力與勤奮。

無論機會來自內部還是外部，沒有不斷的進取心和努力都是不可能抓住的。在這個意義上，「跳槽」與「臥槽」，獲勝機率是一致的。

但是在實際的職場發展當中，不透過跳槽實現的晉升似乎很難很漫長，有什麼建議可以遵循嗎？

第十二章　跳槽還是臥槽，想好了再去做

職位勝任力

這是任何人得到發展的基本方法。人在公司總要落在特定的某個職位上，即使是最基層的職位，也有其特定的職位職責及其任務。常理上說，只有能力超過所在職位要求的人才可能被提拔到更高要求的職位上，那什麼才算得上勝任？

勝任就是不湊合，遊刃有餘並恰如其分的發揮。別人怎麼做你也怎樣做，晉升的機會就很難落在你的頭上。

所以需要自己比別人多做功課：多學、多問、多留意、多思考，並在工作中不斷嘗試總結，比別人做得更快，比別人做得更好，比別人做得更巧，比別人做得更早，那你的勝任力就顯而易見了。

努力的承諾度

包含兩個方面：一方面指日常的工作態度，有了勝任職位的能力只是基礎，接下來是否能持續的努力去做好工作至少是同等重要的。一時的努力工作並不難，然而持續的努力工作卻不容易保持，特別是工作遇到困難或問題的時候，這恰是檢驗你努力承諾度的最佳時機。

努力承諾度的另一方面是指對自己發展目標的持續追求。雖然從基層職位起步，但未來自己的職場發展方向總要心中有數，不能完全隨緣，聽由命運安排。沒有追求的人會永遠會被「壓箱底」。

個人影響力

你既有能力也不斷追求，但就是沒有好口碑，恐怕晉升機會也很難落到你的頭上，特別是管理職位，公司總不會願意任命一個不能服眾的人來帶領

團隊，或因提拔你而增加內部的非安定團結因素吧？所以你需要有很好的個人影響力，這是屬於你個人的寶貴財富。

當然，如果這一切你都真正做到了，還不能如願以償，一定有另一片更廣闊的天地更適合你馳騁，屆時當可選擇飛躍性的一跳就是了。

很少有人生來為鳳凰，但人生充滿了無數種可能，職業上更是這樣。只要你對未來有所期望，並以實際的行動來逐步完成，而不是制定不切實際的目標，終有一天，當你在忙碌的工作中偶然回頭，會發現，不知什麼時候，你那身灰禿禿的羽毛，已經變成了閃閃發光的鳳羽。

跳槽：有三種人最不適宜跳槽

因為壓力大想要跳槽的人

小張學的是新聞專業，大學畢業後在一家報社當記者。專業與工作對口，小張也十分喜歡記者這一工作，他感到前途一片光明，親戚朋友也很羨慕他。這家報社正在著手改版工作，很缺人手，主管很看重小張的才能，認為他是一個當記者的好人才，所以常常給他重擔。可小張卻漸漸感到工作的壓力太大，產生了懼怕、厭煩心理，工作時不能集中精力，常被消極情緒困擾。他產生了跳槽的念頭，可有的朋友奉勸他不要輕易放棄，也有的朋友建議他可以換一個更輕鬆的工作環境，他自己也拿不定主意，急需得到職業顧問的幫助。

小張在畢業後就能找到自己喜歡並且與專業有契合度的工作是幸運的。這份工作成為了他日後進一步發展的基礎。當然，打基礎的日子是關鍵的，也是相當艱苦的。對於小張來說，主管給他重擔，為他提供了提高業務能力

的機會，如果他好好把握住機會，他會在工作中累積比別人更多的工作經驗，增強職業競爭力。當然，小張已然感到了壓力存在，這就需要及時緩解壓力。

目前小張最需要的是在現在的職位上累積職業價值，現在跳槽等於放棄了機會，而且會增加風險、提高成本，所以現在跳槽為時過早。

所在行業暫時不被看好的人

王小姐是一家飯店的行銷專員。由於飯店業受到疫情的衝擊，王小姐所在的這家飯店也因為客源不足和經營成本增加面臨經營危機。她產生過跳槽的念頭，可是如今行業不景氣，要找一份合適的工作也相當困難。有人勸她轉行，可她覺得自己喜歡這個行業，想等等機會再做打算。

王小姐的職業氣質決定了她較適合在飯店業發展，她在飯店市場領域已然累積了一定的職業價值，輕易放棄未免太可惜。雖然飯店遇到經營危機，行業受到一定不利因素的影響，但是這些情況會有所改變的。況且，當前飯店業已開始逐步恢復，關於這一行業的振興計畫也已提出。

如果王小姐能夠抓住機會，不斷的根據市場對從業人員的要求的改變去提升自己，在現在的職位上累積更多的工作經驗，完善自己的綜合素養，就能提高飯店市場工作的職業價值，在將來的職業競爭中掌握主動權。

職位暫時得不到提升的人

鍾先生在一家大型企業擔任地區產品經理，後被調職到另一個地區任產品經理，薪水上漲。可他對於離開故鄉到一個陌生的地方工作有些猶豫，更關鍵的是，繼續做產品經理背離了他的升遷計畫。

調任另一地區的產品經理，雖然沒有達到職位晉升的目的，但是從鍾先生目前的狀況並結合行業現狀和發展來看，他需要累積更豐富的專業經驗、專業資源，另一地區的市場情況他未必熟悉，即使熟悉，他也缺乏一些實戰經驗，而這些實戰經驗可以增加他對整體市場的了解，為將來的發展寫下重要的一筆。

增強專業技能、專業知識，豐富專業資源、專業經驗能夠提高職業人的專業競爭力，專業競爭力才是職業價值的保證。因此，一些問題是跳槽一族必須思考的：現在的職位是否真的不適合自己，今日累積的職業價值對於將來的發展究竟能產生什麼作用，如想跳槽，要去的新公司是否有利於自己職業的發展。如果沒有明確的答案就跳槽，很可能掉入跳槽陷阱。

職場賽局
踏入職場的第一天起，你就已經入了賽局

編　　著：吳載昶，李高鵬

發 行 人：黃振庭

出 版 者：崧燁文化事業有限公司

發 行 者：崧燁文化事業有限公司

E-mail：sonbookservice@gmail.com

粉 絲 頁：https://www.facebook.com/
　　　　　sonbookss/

網　　址：https://sonbook.net/

地　　址：台北市中正區重慶南路一段六十一號八
　　　　　樓 815 室

Rm. 815, 8F., No.61, Sec. 1, Chongqing S. Rd.,
Zhongzheng Dist., Taipei City 100, Taiwan

電　　話：(02)2370-3310

傳　　真：(02) 2388-1990

印　　刷：京峯彩色印刷有限公司（京峰數位）

律師顧問：廣華律師事務所 張珮琦律師

國家圖書館出版品預行編目資料

職場賽局：踏入職場的第一天起，
你就已經入了賽局 / 吳載昶，李高
鵬編著 . -- 第一版 . -- 臺北市：崧
燁文化事業有限公司 , 2022.03
　面；　公分
POD 版
ISBN 978-626-332-062-8(平裝)
1.CST: 職場成功法
494.35　　111001337

電子書購買

臉書

定　　價：399 元

發行日期：2022 年 03 月第一版

◎本書以 POD 印製